청와대 나무 지도

청와대에는 5만 5천여 그루의 나무가 살고 있고, 저마다 사연을 간직하고 있는 나무들도 많습니다. 이 지도에는 2022년 9월 현재 관람동선 주변에 있으면서 그 수종을 대표하는 모습을 갖춘 나무와 역대 대통령의 기념식수를 표시하였습니다. 나무들과 함께 청와대의 역사와 자연을 이해하는 시간을 가져보세요.

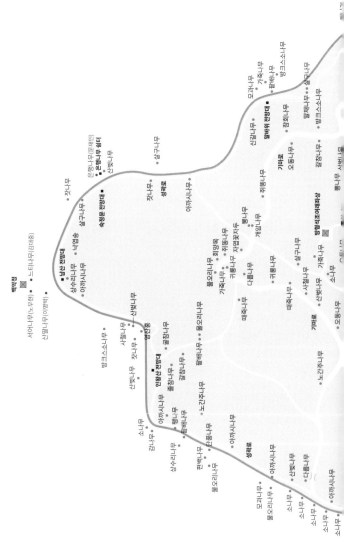

청와대의 나무들

일러두기

- 책에 실린 나무들의 나이, 키, 굵기 등은 2022년 기준 정보입니다.
- 청와대 나무 지도는 2022년 9월을 기준으로 작성했습니다.
- 각 장에서 나무를 소개하는 순서는 청와대 관람 동선을 고려해 정했습니다.

  제1장 영빈관 ⇨ 본관 ⇨ 수궁터

  제2장 녹지원 ⇨ 상춘재 ⇨ 여민관

  제3장 관저 ⇨ 침류각 ⇨ 춘추관

  제4장 친환경시설 단지 ⇨ 기마로·성곽로
- 각 장 나무 지도 중 해당 장에서 다루는 나무는 동선 순서대로 원문자로 표시하고, 대통령 기념식수는 나무 이름 뒤에 해당 나무를 심은 대통령의 이름을 넣어 별도로 표시했습니다.
- 2022년 9월 현재 제2장의 여민관·경호실·경비단 일대, 제4장의 친환경시설 단지·기마로·성곽로 일대는 비공개 구역이지만 후일 개방할 가능성을 감안해 그곳들에 있는 나무들도 책에 실었습니다.
- 심은 날짜를 따로 표기하지 않은 대통령 기념식수는 대부분 식목일인 4월 5일 전후에 심은 것입니다.
- 참고문헌은 마지막에 일괄 처리하고 본문에 주를 따로 달지 않았습니다.

청와대의
나무들

박상진 지음

눌와

청와대 지킴이,
나무들의 이야기

금단의 땅 청와대의 문이 활짝 열렸다. 2022년 5월 10일. 대한민국 정부가 수립되고 대통령의 집무실 겸 관저가 들어선 지 74년 만이다. 청와대는 총면적 25만 3505제곱미터(7만 6685평)로서 축구장 36개 넓이다. 영빈관, 본관, 관저, 상춘재 등의 주요 건물과 대정원, 녹지원, 헬기장의 잔디밭과 수많은 나무로 둘러싸인 녹색의 장원이다.

　　어떤 나무들이 무슨 사연으로 청와대에 자라고 있을까? 우리의 토종 나무를 중심으로 예부터 들어와 있던 중국 나무, 일본과 미국 및 유럽 나무까지 다양하다. 모두 53과 108속 208종이다. 바늘잎나무가 31종이며 나머지 177종은 조경수 및 유실수와 꽃나무를 비롯한 넓은잎나무다. 필자는 2019년 대통령경호처의 의뢰를 받아 《청와대의 나무와 풀꽃》이란 발간자료를 낸 바 있다. 당시는 개방을 염두에 두지 않았고 집필 과정에 엄격한 보안사항을 지켜야 하는 등의 제약이 따랐다.

　　이에 청와대 개방에 맞추어, 이곳을 탐방하는 분들이 쉽게 읽을 수 있는 《청와대의 나무들》을 기획했다. 청와대를 네 개 구역으로 나누어 건물 주변이나 통행로를 따라 자주 만나거나 의미가 있는 나무 등 85종을 선정하여 상세한 해설을 붙였다. 그 외 유사한 수종은 간략한 설명을 해당 수종에 함께 넣었다. 나무마다 간단한 식물학적인 특징과 함께 역사·문화적인 배경을 알아보고 대통령과 관련된 이야기도 소개했다. 아울러서 각 구역마다 해당 나무를 쉽게 찾아볼 수 있도록 나무가 자라는 위치를 표시한 나무 지도를 더했다.

눈여겨볼 나무들은 대통령의 기념식수다. 대한민국 12명의 대통령 중 윤보선 대통령을 제외한 11명의 대통령 기념식수가 남아 있다. 1949년 식목일을 제정한 이후 거의 매년 4월 5일에 대통령들이 기념식수를 했고, 주요 건물 준공에 맞추어서도 기념식수를 했다. 그러나 오늘날 살아 있는 대통령 기념식수는 20종 31건(33그루)뿐이다. 또 경복궁 후원이었던 시절부터 긴 역사를 함께한 고목나무도 여러 그루가 있다. 255살 된 회화나무를 비롯하여 반송, 용버들, 소나무, 말채나무, 오리나무 등 100살이 넘은 고목들도 43그루나 된다. 대통령 기념식수와 고목나무는 본문에서도 설명했지만 별도의 지면을 마련해 더 자세히 해설하였다.

끝으로 청와대의 역사적 맥락을 깔끔하게 정리하여 주신 명지대학교 홍순민 교수님과 도움을 주신 많은 분들께도 깊이 감사드린다.

2022년 9월
박상진

차례

청와대 주요 장소 및 장별 권역

● PART 1 영빈관·본관·수궁터
● PART 2 녹지원·상춘재·여민관
● PART 3 관저·침류각·춘추관
● PART 4 친환경시설 단지·기마로·성곽로

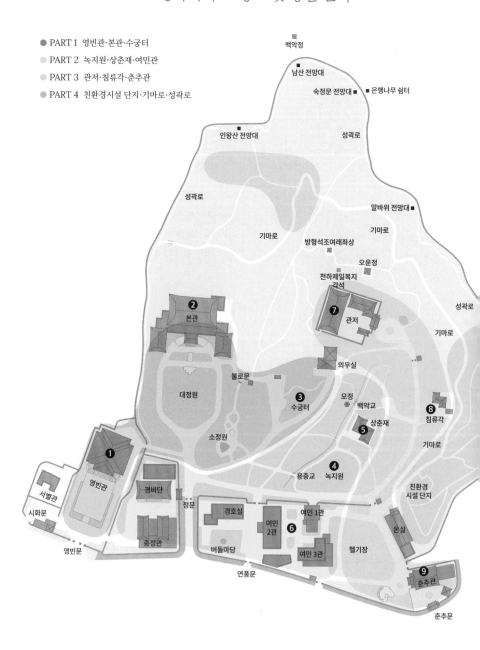

백악정

남산 전망대

숙정문 전망대   ■ 은행나무 쉼터

인왕산 전망대   성곽로

성곽로   말바위 전망대

기마로   방형석조여래좌상   기마로

                            오운정

                    천하제일복지
                    각석
        ❷   ❼   성곽로
        본관   관저
                                기마로
                    의무실
            불로문   모정
        대정원   ❸   백악교
                    수궁터   ❺ 상춘재   ❽
                                침류각
            소정원   용충교 ❹ 녹지원   기마로
                                        친환경
❶   시설 단지
영빈관   경비단
                    정문 경호실   여민 1관   온실
서별관   ❻
시화문   충정관   버들마당 여민 여민 3관 헬기장
                            2관
영빈문   연풍문   ❾
                                            춘추관
                                        춘추문

① 영빈관

국빈 방문시 공식 행사
또는 회의를 하던 곳.
앞에는 조선시대에 있던
팔도배미를 형상화한
광장이 있다.

② 본관

대통령의 집무실이 있던
청와대의 중심 건물.
서별채와 동별채가 있고
그 앞에는 대정원이
자리하고 있다.

③ 수궁터

과거 경복궁 후원을 지키는
군사들이 주둔하던 수궁이
있던 곳. 청와대 옛 본관으로
쓰였던 조선총독 관저가
이곳에 있었다.

④ 녹지원

가운데 커다란 반송이 있는
넓은 정원. 어린이날 행사
등 야외 행사는 대부분
이곳에서 열렸다.

⑤ 상춘재

1982년 지은 한옥으로,
국내외 귀빈을 위한
의전 및 비공식회의를
위한 공간으로 쓰였다.

⑥ 여민관

대통령 비서실이 위치했던
건물. 3개 동으로 구성되어
있으며 대통령 관련 업무가
실질적으로 이루어지던
곳이다.

⑦ 관저

대통령과 그 가족의 거주
공간. 1990년에 지었으며
회의와 접견을 위해서도
사용되었다.

⑧ 침류각

1900년대 초에 지어진
것으로 추정되는 한옥.
서울특별시 유형문화재
제103호로 지정되어 있다.

⑨ 춘추관

기자 회견 등 언론 취재를
위해 마련되었던 건물.
이름은 기록을 담당했던
옛 관아인 춘추관에서
비롯하였다.

① 무궁화	⑩ 산수유	⑲ 감나무
② 향나무	⑪ 대나무	⑳ 낙상홍
③ 느티나무	⑫ 이팝나무	㉑ 산딸나무
④ 모과나무	⑬ 백목련	㉒ 칠엽수
⑤ 배롱나무	⑭ 백합나무	㉓ 다래
⑥ 구상나무	⑮ 살구나무	㉔ 쉬나무
⑦ 조팝나무	⑯ 매화나무	㉕ 복자기
⑧ 말채나무	⑰ 주목	
⑨ 개나리	⑱ 단풍나무	

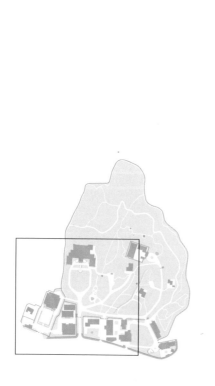

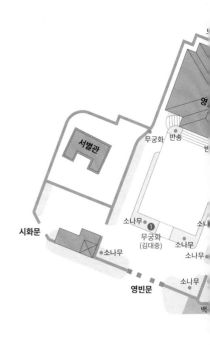

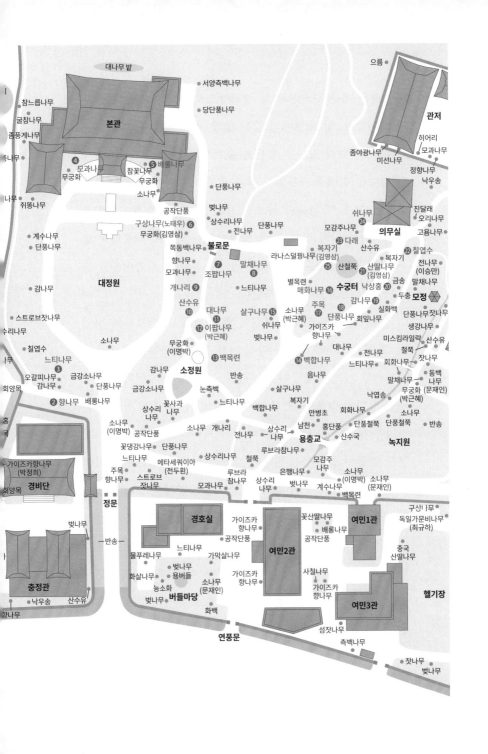

영빈관은 대규모 회의장 및 연회장으로 쓰이는 건물로 1978년에 지었다. 앞 광장에는 강원 양양, 전북 정읍 등지에서 옮겨 온 아름드리 소나무 혹은 반송이 띄엄띄엄 심겨 있다. 계단 옆에는 김대중 대통령이 심은 무궁화가 자라며, 광장의 가운데는 고종 때 임금이 몸소 농사시범을 보였던 팔도배미를 형상화한 공간이 있다. 동쪽 담장으로는 박정희 대통령이 심은 가이즈카향나무가 자라고, 영빈관 뒤에는 희귀식물인 울릉도 특산 섬괴불나무가 자란다.

본관은 대통령의 집무실이 있던 건물로 1991년에 지었다. 앞에는 소나무가 좌우 각각 다섯 그루씩 대칭을 이루며 제주도에만 자라는 참꽃나무도 만날 수 있다. 기후변화의 영향을 실감하지 않을 수 없다. 이어서 거의 한 아름에 이르는 큰 소나무 두 그루가 깊은 구덩이 안에 자라는 모습도 특이하다. 본관 건물이 들어서기 전부터 자랐는데, 터를 닦으면서 이런 모습으로 살아가게 된 것이다. 동東별채 앞에는 노태우 대통령이 심은 구상나무와 김영삼 대통령이 심은 무궁화가 자란다. 대정원 둘레는 충북 청원과 청남대에서 가져온 소나무와 반송 40여 그루가 뒤섞여 감싸고 있다. 대정원으로 들어오는 갈림길 좌우에는 강릉-원주 간 고속도로 건설 현장에서 옮겨 온 키 13미터의 금강소나무가 다섯 그루씩 마주 보고 서 있다.

본관과 수궁터 사이의, 창덕궁 후원 불로문을 그대로 본떠 만든 돌문을 지나면 소정원이다. 소정원 중앙에는 야생화 동산이 있고 안에는 박근혜 대통령이 심은 이팝나무와 이명박 대통령이 심은 무궁화도 만날 수 있다. 작은 연못 옆의 돌틈에 자라는 눈측백은 고산지대 희귀식물로서 청와대의 귀한 손님이다.

　　수궁터는 1939년 일제강점기부터 사용하던 옛 본관을 철거한 자리다. 그 가장자리에는 청와대 일대가 하늘 아래에서 제일가는 복된 땅이라는 뜻의 '천하제일복지天下第一福地'라는 표석이 서 있다. 수궁터의 가운데에는 둘레 두 아름 반 정도의 주목 고목나무 한 그루가 자리를 잡았다. 옮겨 심은 나무로 알려져 있으며 2022년 현재 나이는 744살이다. 주목의 뒤에는 옛 본관의 현관 지붕을 장식하고 있던 절병통切餠桶이 있고, 그 옆에는 잘 생긴 백매白梅 한 그루가 청와대의 봄 소식을 알려주고 산철쭉과 영산홍이 많아 5월이면 일대가 온통 꽃동산이 된다. 그 외 대통령 기념식수로는 박근혜 대통령의 정이품송 후계목, 김영삼 대통령의 산딸나무와 복자기가 자란다.

무궁화

Mugunghwa, Rose of sharon / 無窮花, 槿, 木槿

* * *

피고 지고를 이어가면서 민족 수난을 이겨낸 나라꽃

과명	학명
아욱과	*Hibiscus syriacus*

무궁화가 나라꽃으로 자리매김한 것은 구한말, 애국가 가사가
만들어질 때 "무궁화 삼천리 화려강산"이라는 구절이 들어가면
서다. 암울했던 일제강점기에 독립운동가들은 무궁화를 나라의
표상으로 삼았다. 1933년 남궁억 선생의 무궁화를 통한 민족혼
고취 운동이 일제의 탄압을 받게 되면서 전국의 무궁화가 죄다

2000년 제1차 남북정상회담을 기념하여 김대중 대통령이 기념식수한 무궁화.

뽑히게 되었다. 그럼에도 사람들은 몰래몰래 무궁화 묘목을 나누어 가졌다. 무궁화는 바로 애국의 상징이었다. 삼천리강산이 무궁화 꽃으로 덮이는 이상향을 그렸다. 광복 후 자연스럽게 무궁화가 나라꽃으로 정해지면서 국기봉의 무궁화 꽃봉오리를 비롯하여 정부와 국회 포장褒章에 무궁화 꽃 도안이 채택되었다. 그러나 '무궁화를 국화로 한다'는 법률이나 조례는 따로 없다.

중국 고대의 기서奇書인 《산해경山海經》에 "군자의 나라가 북방에 있는데 그들은 서로 양보하기를 좋아하여 다툼이 없다. 그 땅에 자라는 무궁화는 아침에 피고 저녁에 시든다"라고 했다. 이 기록을 그대로 믿자면 무궁화는 적어도 4천 년 전부터 우리나라에 자랐던 것이다. 우리 문헌 중에도 통일신라 때 최치원이 써 당나라에 보낸 국서에 '근화지향槿花之鄕'이라 하여 역시 무궁화가 언급된다.

무궁화는 근화나 목근木槿으로 불렸는데, 고려 때 비로소 무궁화無窮花라는 이름이 나온다. 이규보의 《동국이상국집東國李相國集》에 "이 꽃은 꽃 피기 시작하면서/ 하루도 빠짐없이 피고 지는데/ 사람들은 뜬세상을 싫어하고/ 뒤떨어진 걸 참지 못한다네/ 도리어 무궁이란 이름으로/ 무궁하길 바란 것일세"라고 하였다.

무궁화는 사람 키를 조금 넘는 높이에 둘레는 팔뚝 굵기가

세 갈래로 갈라지는 잎, 열매껍질 안에 든 솜털 가득한 씨앗.

고작인 작은키나무다. 수명도 30~40년 정도로 짧다. 하지만 강원 강릉 사천면 방동리의 강릉 박씨 제실 안에 자라는 무궁화는 나이가 120살이나 된다. 키 4미터 정도이고 뿌리목 둘레 150센티미터로서 거의 한 아름에 이른다. 천연기념물 제520호로 지정되어 있으며 우리나라에서 가장 굵고 오래된 무궁화다.

　무궁화의 잎은 손가락 길이에 세 갈래로 갈라지며 어긋나기로 달린다. 꽃은 보통 다섯 장의 커다란 꽃잎이 서로 반쯤 겹치기로 펼쳐져 작은 주먹만 하게 피며 꽃잎 안쪽에는 짙은 붉은색 무늬가 생긴다. 무궁화는 새벽에 꽃이 피었다가 오후에는 오므라들기 시작하고 이틀 정도 지나면 땅에 떨어진다. 한여름에 꽃이 피기 시작하여 가을까지 이어진다. 꽃은 새벽에 피고 저녁에는 시들어서 날마다 새 꽃을 보여주는 신선함은 있으나 꽃 수명

우리나라 무궁화는 200여 종이 있으며 꽃의 색에 따라 크게는 다음과 같이 나뉜다.
1. 배달계   2. 백단심계   3. 적단심계
4. 홍단심계   5. 청단심계   6. 아사달계

이 너무 짧다는 아쉬움도 있다. 수많은 품종이 있고 장려하는 종
류만도 20여 종이 넘는다. 색깔로 본다면 분홍색, 보라색, 흰색
이 있으며 홑꽃과 겹꽃도 있다.

   무궁화류는 전 세계에 250여 종, 한국에는 200여 종이 있
다. 색깔에 따라 배달계, 단심계, 아사달계 등의 셋으로 크게 나
눌 수 있다. 배달계는 꽃 전체가 흰색이며 단심계는 꽃의 중심부
가 붉은색이라 단심丹心이라고 부른다. 아사달계는 꽃 중심부가
붉으면서 꽃잎에 붉은색 띠무늬가 있다. 청와대 경내의 무궁화
는 대부분 단심계다. 무궁화의 꽃말은 '신념', '일편단심', '끈기'다.

본관 동별채 앞의 무궁화. 김영삼 대통령이 1993년 식목일에 기념식수했다.

한편 무궁화의 변종으로는 1993년 경북 안동 예안향교에서 발견된 애기무궁화가 있다. 보통 무궁화보다 꽃이 작고, 긴 꽃잎이 약간 꼬여 있으며, 하얀 바탕에 단심이 들어 있다. 안타깝게도 2010년 고사해 버렸고 지금은 후계목이 대를 이어가고 있다. 또 제주도나 남해안 섬 지방에는 노란 꽃이 피는 우리 토종 무궁화인 황근黃槿이 자란다.

청와대 경내에는 영빈관 앞, 본관 동별채 앞, 소정원, 상춘재 앞 등에 대통령 기념식수 무궁화가 자란다. 청와대 삼거리 옛 궁정동 안가 터에는 아예 무궁화동산이 만들어져 있다.

향나무

Chinese juniper / 香木, 紫檀

• • •

은은한 향을 피워 신을 불러오는 나무

과명	학명
측백나무과	*Juniperus chinensis*

향나무란 이름은 향을 가지고 있는 나무란 뜻의 향목香木에서 왔
다. 나무의 향기 성분은 대부분 정유 형태로 꽃이나 잎, 열매에
들어 있으나 향나무 종류는 나무의 속살에 향이 들어 있다. 향은
부정不淨을 없애고 정신을 맑게 함으로써 천지신명과 연결하는
통로라고 여겨져 신을 불러오는 제사 의식에 빠지지 않았다. 그

1990년대 말 창경궁을 복원 정비할 때 본관 입구로 옮겨 온 향나무들.

래서 궁궐은 물론 문묘, 향교, 유명 사찰 등 제사를 올리는 공간에는 널리 심었다.

향을 피우는 풍습은 6세기 초 중국 양나라에서 들어왔는데, 《삼국유사三國遺事》에 다음과 같은 내용이 실려 있다. 양나라에서 온 사신이 향을 가지고 왔는데, 이름도 쓰임새도 몰랐다. 두루 물어보게 했더니 묵호자墨胡子가 말했다. "이것은 향이란 것입니다. 태우면 강한 향기가 나는데, 신성한 곳까지 두루 미칩니다. 원하는 바를 빌면 반드시 영험이 있을 것입니다."

향나무에는 향을 피우는 것 이외에 중요한 쓰임이 또 있다. 우물가에 심는 것이다. 향나무가 있는 우물을 향정香井이라 하는데, 서울 인사동에도 큰 향나무를 옆에 둔 우물이 있었다고 한다. 특별히 향나무를 골라 심은 데는 몇 가지 이유가 있다. 향나무는 잎이나 가지, 줄기 등 나무 전체에 은은한 향기 성분을 품고 있다. 그래서 옛사람들은 우물 곁에 향나무를 심어두면 잔뿌리들이 물을 빨아들이는 동시에 향나무의 향기도 조금씩 우물에 배어들어 우물의 물맛도 좋아지고 청량해질 거라고 믿었다. 너무 강한 햇볕은 고여 있는 우물물의 온도를 상승시켜 미생물을 자라게 할 수 있으니 그늘을 만들어주면 좋은데, 향나무는 잎이 항상 달려 있으므로 우물가에 심기에 제격이다. 또한 항상 빽빽하게 나 있는 잎이 먼지가 우물로 떨어지지 않게 해주므로 물을 깨끗하게 유지할 수 있다. 청와대 경내에 '천하제일복지天下第一福地'라는 글씨가 새겨진 바위 아래쪽에는 작은 샘물이 있다. 이를 어정御井이라 부르는데, 옆에 향나무를 심어 선조들의 정취를 살리면 어떨까 싶다.

청와대 경내에는 영빈관에서 본관으로 올라가는 길의 오른편에 키 11.5미터, 둘레 한 아름에 이르는 향나무 열 그루가 나란히 서 있다. 1990년대 말 창경궁 정비 공사를 하면서 옮겨 온 것이다.

정원수로 흔히 심는 향나무로 가이즈카향나무가 있다. 향나무의 잎은 짧고 날카로운 바늘잎[針葉]과 부드러운 비늘잎[鱗葉]이 섞여 돋아난다. 바늘잎은 피부에 잘못 닿으면 찔려서 통증이 느껴질 정도다. 따라서 정원수로 심기에는 제약이 따른다. 가이즈카향나무는 바늘잎이 거의 없고, 찌르지 않는 비늘잎이 대부분이다. 접두어 '가이즈카'에서 알 수 있듯이 일본에서 들어온 나무다. 일본 오사카 남부 가이즈카[貝塚] 지방에 자라는 향나무에서 선발하여 오늘날의 가이즈카향나무를 탄생시켰다고 한다. 우리나라에는 일제강점기 초에 처음 들어온 이후 관공서, 공원, 각급 학교에 널리 심기 시작했다. 광복 후에도 일제강점기의 습관대로 가이즈카향나무를 계속해서 많이 심었다. 청와대 경내에도 박정희 대통령이 심었다는 가이즈카향나무 한 그루가 지금도 살

영빈관 옆의 가이즈카향나무. 1978년 박정희 대통령이 기념식수한 나무다.

아 있다. 1918년생으로 2022년 현재 나이는 104살이나 된다. 그 외에도 여민관 등 건물 주변에 가이즈카향나무가 심겨 있다. 겉으로 보기에는 향나무와 모습이 거의 같으나 가지는 비틀려 있어서 다른 이름은 나사백螺絲柏이다.

역시 정원수로 많이 심는 둥근향나무[玉香]도 경내 곳곳에 자란다. 사람 키 남짓한 높이에 빽빽한 바늘잎이 둥그스름한 모양새다. 하나로 곧추서는 줄기가 없고 아래서부터 여러 개의 줄기가 올라오면서 타원형을 이루는 것이 특징이다.

향나무와 잎 모양새는 같으나 돌 틈이나 바닥에 붙어 자라

정원수로 주로 심는 둥근향나무, 옆으로 눕거나 바위에 의지하며 자라는 눈향나무.

는 눈향나무도 있다. 설악산, 소백산 등 중북부의 높은 산꼭대기에 자라던 나무다. 콩알 굵기의 향나무 열매를 따 먹은 산새들이 높은 고개를 넘어가다 소화되지 않은 씨앗을 배설하여 향나무가 움텄을 것이다. 자라면서 억센 바람과 추위로 곧게 자랄 수 없어서 누워버린 향나무가 눈향나무가 된 것으로 짐작한다. 조경수로 평지로 옮겨 심었는데도 일어나기를 잊어버린 것이다.

향나무 종류는 배나무에 치명적인 붉은별무늬병의 중간기주가 되므로 배 밭 곁에 심지 않는다. 나부말은 '영원한 향기', '사랑', '치유', '정화淨化'등이다.

느티나무

Sawleaf zelkova / 槐木, 黃槐, 欅

● ● ●

당산나무에서 무량수전 기둥까지 '나무의 황제'

과명	학명
느릅나무과	*Zelkova serrata*

우리나라 시골마을 입구에서 흔히 만나는 고목나무는 느티나무
가 가장 많다. 껑충하게 키만 키우기보다 옆으로 넓게 가지를 펼
쳐 아늑하고 편안한 공간을 만들어주는 것이 느티나무의 특징이
다. 느티나무는 따로 시설을 하지 않아도 나무 아래 자그마한 제
단 하나만 놓으면 당제堂祭를 올릴 수 있는 당산나무가 된다. 그

영빈관에서 본관 가는 길 언덕의 굵은 느티나무. 주변에 흙을 쌓으면서 구덩이에 갇혀버렸다.

래서 우리 선조들은 처음 마을을 만들 때 먼저 입구에 느티나무를 심곤 했다.

1954년 4월 12일 '귀중한 늦티나무를 보호하자'라는 제목의 기사에는 이승만 대통령의 담화문이 실려 있다.

"늦티나무는 기구 등속에 쓰는 가장 긴緊한 나무요 나무가 단단하고 문紋이 고와서 유명한 우리나라 의장衣欌은 거반 괴목으로 만든다. 늦티나무는 목재로 쓰기만 귀중할 뿐 아니라 나무가 크게 자라며 널리 퍼져서 여름에 조흔 그늘을 만드러 준다. 경무대청와대의 옛 이름 문 앞에 큰 늦티나무 두 주가 서 잇는데 씨가 떠러저서 솟아난 것이 대략 2백 주 가량을 캐낼 수 잇다. 내 특별히 서울 시내 동포들에게 나누어 주려고 하니 경무대 서정학 경찰서장을 차저서 물으면 나무를 몃 주든지 캐줄 수가 있을 것이다."

지금도 청와대에는 느티나무가 많다. 영빈관에서 본관으로 올라가는 길 언덕의 느티나무가 가장 큰 나무이며 2022년 현재 나이는 167살이다. 이 느티나무는 가까이 가 보면 우물 모양의 깊은 구덩이 안에 갇혀 자란다. 본관 건물을 지을 때 이 일대를 성토盛土하면서 나무를 살리기 위한 조치였다.

천연기념물로 지정된 느티나무만도 19그루나 되는데, 강원 삼척 도계리 느티나무는 1000살이 넘었다고 하며 충북 괴산 오

천연기념물 제382호 괴산 오가리 느티나무. 괴산에는 지명의 유래가 된 느티나무 고목이 많다.

가리 느티나무는 800살을 자랑한다. 괴산槐山이라는 지명도 느티나무와 관련이 있다. 신라 진평왕 때 찬덕이란 장수가 백제군에게 가잠성을 잃게 되자 그대로 달려나가 느티나무에 부딪쳐 죽었다. 이후 가잠성을 느티나무 괴槐 사를 써 괴산이라 부르게 됐다고 전한다.

　　당산나무로 만나는 느티나무는 대부분 펑퍼짐한 모습이지만 이와 달리 숲속에서 다른 나무와 섞여 자라면 우람한 덩치에 곧바르게 된다. 키 20~30미터에 둘레 두세 아름은 보통이다. 기

팔만대장경을 보관하는 해인사 법보전(왼쪽)과 수다라장. 법보전 기둥 48개는 모두 느티나무다.

둥은 물론 불상과 같은 큰 조각품이나 여러 기구를 만들 수 있
는 크기다. 아울러서 느티나무 목재는 결이 곱고 윤기 나는 황갈
색에 아름다운 무늬가 돋보인다. 썩고 벌레 먹는 일이 적은 데다
건조 과정에서 갈라지거나 비틀리지 않으며 단단하기까지 하다.
그래서 필자는 '나무의 황제'라는 별명을 붙였다.

옛사람들도 느티나무를 널리 이용했다. 경주 천마총을 비
롯하여 삼국시대 초기의 임금님 관재, 경북 영주 부석사의 무량
수전과 경남 합천 해인사의 팔만대장경판 보관 건물인 법보전과

수다라장 등의 나무 기둥에도 느티나무가 쓰였다. 그 밖에 사방탁자, 뒤주, 장롱, 궤짝 등의 조선시대 가구까지 느티나무의 사용 범위는 이루 헤아릴 수 없을 정도다. 특히 우리나라 전통 가구재로는 느티나무, 오동나무, 먹감나무를 3대 우량 목재로 친다.

느티나무는 나무속이 황갈색이라서 황괴黃槐라고도 한다. 누를 황黃과 회화나무를 뜻하는 괴槐가 합쳐진 말이다. 황괴를 우리말로 옮기면 '눋홰나무' 혹은 '놋홰나무'가 된다. 이것이 '누튀나무'를 거쳐 느티나무가 되었다. 한편 정약용의 《아언각비雅言覺非》에는 느티나무의 한글 이름을 '늣회나무'라고 했다. '늣'은 '늣기다느끼다'라는 옛말의 줄임말로 홰나무와 같은 느낌의 나무란 뜻이 된다. 이 '늣회나무'가 느티나무로 변했다고도 한다. 실제로 느티나무와 회화나무는 다 같이 괴槐로 표기한다.

느티나무 고목의 위엄에서 따와 나무말은 '중후함'이며, 오래 사는 나무로 유명하니 '장수長壽'도 적합하다. 그 외 '행운', '운명' 등도 있다.

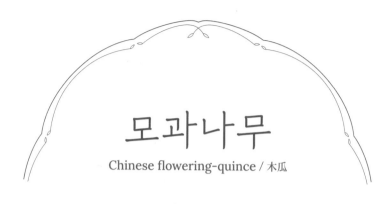

모과나무

Chinese flowering-quince / 木瓜

* * *

참외를 닮고 은은한 향기를 가진 못난이 열매

과명	학명
장미과	*Chaenomeles sinensis*

첫서리를 맞고 잎이 떨어져 버린 나뭇가지에 매달린 노란 모과 열매는 우리의 눈길을 사로잡는다. 배고플 때라면 한입 베어 먹고 싶을 만큼 먹음직하다. 모과라는 이름은 '나무에 달린 참외'라는 뜻의 목과木瓜가 변한 것이다. 잘 익은 열매가 크기와 모양부터 색깔까지 참외를 쏙 빼닮았기 때문이다. 모양새에 반하여 한

단풍이 짙어가는 본관 앞의 모과나무.

늦봄 연분홍으로 피는 꽃, 깊어가는 가을에 노랗게 익은 모과.

번이라도 깨물어봤다면 시큼털털한 그 맛에 삼키지도 못하고 오만상을 찌푸려야 할 것이다. 모과 맛처럼 "빛 좋은 개살구"라는 속담이 딱 들어맞는 경우도 없다.

　가을이 짙어지면 모과는 모양새만이 아니라 향으로 우리에게 다가온다. 대체로 서리가 내리고 푸른 잎이 가지에서 떨어져나갈 즈음의 모과가 향이 가장 좋다. 완전히 노랗게 익지 않아 연초록빛일 때 따다 익혀가면서 향을 음미할 수 있다. 다만 육질이 너무 두꺼워 일주일 남짓이면 썩어버리는 것이 좀 아쉽다. 모과 향은 적당히 강하고 달콤하며 때로는 상큼하기까지 하다. 가을이 너무 늦기 전에 모과를 코끝에 살짝 대고 향을 맡을 수 있는 작은 여유라도 가졌다면 자신이 행복하다고 생각해도 좋다.

　그뿐만 아니라 모과는 사포닌, 비타민C, 사과산, 구연산 등이 풍부하여 약재로 쓰이고 모과차나 모과주로도 애용된다. 《동의보감東醫寶鑑》에는 "갑자기 토하고 설사하면서 배가 아픈 위장병에 좋으며 소화를 잘 시키고 설사 뒤에 오는 갈증을 멎게 한다. 또 힘줄과 뼈를 튼튼하게 하고 다리와 무릎에 힘이 빠지는 것을 낫게 한다"라고 기록되어 있다. 민간에서는 모과를 차로 끓여서 감기 기운이 있고 기침이 날 때, 체하거나 설사가 날 때 보조 치료제로 쓴다. 잘 익은 모과를 얇게 썰어 꿀에 재어두었다가 두세 쪽씩 꺼내어 끓는 물에 타서 마시면 된다. 중국 사람들이 말하길, 살구는 한 가지 이익이 있고 배는 두 가지 이익이 있지만 모과는 백 가지 이익이 있다고 했다. 꽃말은 '풍요로움', '유일한 사랑', '노력', '정열' 등이다.

오래된 모과나무 줄기는 껍질이 비늘 조각으로 벗겨지면서 매끄럽고 윤기가 흘러 다른 나무와 구별되는 특별함이 있다. 모과나무 하면 열매만 떠올리지만 늦봄에 하나씩 피는 동전 크기의 연분홍색 꽃도 충분히 매력적이다. 청와대에는 본관 앞을 비롯하여 관저 안, 진환경시설 난시에도 모과나무가 자란다.

배롱나무

Crape myrtle / 紫微, 木百日紅

* * *

'백일홍나무'가 배롱나무가 된 사연

과명	학명
부처꽃과	*Lagerstroemia indica*

장마가 끝난 여름날의 햇살이 따가울 때 여름 꽃의 대명사인 배롱나무 꽃이 아름다운 자태를 드러낸다. 배롱나무는 콧대 높은 미인처럼 자못 고고하다. 다른 나무들과 섞여서 살아남겠다고 아우성치지 않는다. 조용한 산사山寺의 앞뜰이나 선비의 공간인 서원 등에 사람이 선택해서 심어야만 비로소 자라기 시작한다.

본관 앞 햇볕 잘 드는 자리를 차지하고 한여름 내내 꽃을 피워내는 배롱나무.

배롱나무의 진분홍 꽃잎. 꽃잎이 주름져 있다.

진분홍빛 꽃이 가장 흔하고 연보랏빛 꽃도 가끔 있으며 흰 꽃은 비교적 드물다. 가지의 끝마다 수많은 꽃이 원뿔 모양으로 모여 마치 커다란 꽃 모자를 뒤집어쓴 것처럼 핀다. 굵은 콩알만 한 꽃봉오리가 나무의 크기에 따라 수백수천 개씩 매달려 꽃 필 차례를 얌전히 기다리고 있다. 살포시 꽃봉오리가 벌어지면서 바글바글 볶아놓은 파마머리처럼 온통 주름투성이인 꽃잎을 예닐곱 개씩 내민다. 이 주름꽃잎이 배롱나무의 트레이드마크다.

대부분의 나무들은 꽃을 잠깐 피웠다가 금세 모두 떨구지만, 배롱나무는 여름부터 가을이 무르익을 때까지 계속하여 꽃을 피운다. 대체로 100일쯤 꽃이 핀다 하여 백일홍百日紅이라고 불린다. '백일홍나무'가 '배기롱나무'가 되고 다시 지금의 공식 이름인 배롱나무로 변한 것이다. 하지만 꽃이 과연 100일을 피어 있는 것인가? '화무십일홍花無十日紅'은 배롱나무라고 예외일 수가 없다. 꽃 하나하나가 100일을 가는 것이 아니다. 작은 꽃들이 연이어 피고 지기 때문에 사람들 눈에 같은 꽃이 계속 피어 있다는 착각을 불러일으킬 따름이다. 먼저 핀 꽃이 져버리면 여럿으로 갈라진 꽃대의 아래에서 위로 뭉게구름이 솟아오르듯 계속 꽃이 피어 올라간다.

원산지인 중국 이름은 자미화紫微花다. 당나라 때는 중서성中書省에 많아 중서성을 아예 자미성이라고 불렀다고 한다. 백거이를 비롯한 중국의 옛 문사文士들은 이 꽃을 두고 즐겨 글을 쓰고 시를 읊었다.

선비들은 배롱나무를 즐겨 심어왔다. 오늘날도 배롱나무 옛터의 명성을 잃지 않은 곳들이 있다. 소쇄원, 식영정 등 조선 문인들의 정자가 밀집해 있는 광주천의 옛 이름은 '배롱나무 개울'이라는 뜻의 자미탄紫薇灘이며 지금도 흔적이 남아 있다. 명옥헌에는 아름다운 배롱나무 100여 그루가 모여 우리나라에서 가장 아름다운 배롱나무 숲으로 명맥을 잇고 있다. 그 외에도 고창 선운사, 다산초당과 이어진 강진의 백련사, 안동 병산서원의 배롱

우리나라에서 가장 아름다운 배롱나무 숲으로 알려진 담양 명옥헌 원림.

강릉 오죽헌의 배롱나무. 매끈한 나무껍질이 특별하다.

나무 등이 유명하다. 청와대 경내에도 관저 앞에 2004년 식목일 노무현 대통령이 배롱나무를 기념식수했다는 기록이 있으나 지금은 없어져 버렸다.

배롱나무는 꽃이 오래 피는 특징 말고도 껍질이 유별나 사람들의 눈길을 끈다. 고목이 된 줄기의 표면은 연한 붉은색이 감도는 갈색이고 얇은 조각이 떨어지면서 얼룩무늬가 생겨 반질반질해 보인다. 맨살을 보면 간질이고 싶은 충동을 느끼기 마련이다. 배롱나무 줄기를 보고 중국 사람들은 간지럼에 몸을 꼬는 모습을 떠올려 간지럼나무란 뜻의 파양수怕揚樹라고도 불렀다. 필자는 나무 답사를 가면 배롱나무 가지에 꼭 간지럼을 태워보게 한다. 실제 간지럼을 탄다는 분들이 많다. 그러나 가느다란 가지를 만질 때의 반동으로 잠깐 파르르 떨 뿐이다. 신경세포가 없는 나무껍질이 간지럼을 탈 수는 없다. 착각일 따름이다. 꽃말은 꽃이 오래 피고 풍성하므로 '부귀', '행운' 등이다.

구상나무

Korean fir / 濟州白檜

• • •

높은 산에서만 살아남은 우리나라 특산 나무

과명	학명
소나무과	*Abies koreana*

구상나무는 한반도에만 자라는 우리나라 특산 나무다. 한라산,
지리산, 덕유산, 가야산, 소백산 등 해발 1000미터가 넘는 중부
와 남부 지방 고산의 산꼭대기 부근에서 자란다. 구상나무는 서
늘한 기후를 좋아하여 빙하기에는 평지에도 널리 자라고 있었으
나 지구의 온도가 올라가자 차츰 산꼭대기로 밀려났다. 불행히

서울 올림픽이 열리던 1988년 식목일에 노태우 대통령이 기념식수한 구상나무.

한라산 정상의 뼈대만 남은 구상나무 고사목 군락지.

도 지구는 지금도 더워지고 있다. 구상나무는 이제 갈 곳이 없다. 기다리는 것은 죽음밖에 없다. 학명에 한국을 뜻하는 '코레아나koreana'가 들어가 있는 것이 영예일 뿐이다. 이미 수십 년 전부터 한라산과 지리산의 큰 구상나무들이 앙상한 뼈대만 남은 고사목이 되어가고 있다. 하지만 우리는 그 처량한 모습을 그저 바라볼 수밖에 없다. 오늘날 산림청을 비롯한 관련 기관은 죽어가고 있는 구상나무를 살리기 위해 보호식물로 지정하는 등 안간힘을 쓰고 있지만 효과가 그리 큰 것 같지 않다.

짙은 자주색의 수꽃, 익으면 적갈색이나 녹갈색으로 변하는 열매.

  이렇게 귀한 구상나무인데 청와대 경내에서 상당히 큰 나무를 만날 수 있다. 본관의 동별채 앞길에서 수궁터로 가는 길섶에는 원뿔 모양의 아름다운 구상나무 한 그루가 건강하게 잘 자라고 있다. 노태우 대통령이 1988년 식목일에 제법 큰 나무를 기념으로 심은 것이다.

  구상나무는 새싹이 돋아날 때나 암꽃이 필 때의 모습이 제주에 흔한 성게의 가시를 떠올리게 한다. 성게를 제주 방언으로 '쿠살'이라 하는데, 본래는 '쿠살을 닮은 나무'라는 뜻으로 '쿠살낭'이라고 부르다가 구상나무가 되었다. 구상나무는 솔방울의 비늘 끝이 뾰족하고 뒤로 젖혀져 마치 갈고리 같은 모양을 한다. 반면에 분비나무는 갈고리 끝이 젖혀지지 않고 곧바르다. 1920년 미국 식물학자 윌슨이 제주도에서 이를 보고 구상나무

김대중 대통령이 1999년 식목일에 청와대 입구 무궁화동산에 기념식수한 구상나무.

를 처음 찾아냈다고 한다. 구상나무는 어릴 때부터 아름다운 원
뿔형을 이루어 자란다. 잎 끝이 뾰족한 전나무와 달리 끝이 둘
로 갈라져 부드럽고 잎 뒷면의 숨구멍이 하얗게 보이며 은은한
향기도 풍긴다. 식물학적으로는 분비나무와 형제 나무다. 구상
나무 씨앗을 심으면 거의 반 이상이 분비나무가 된다고 알려져
있다.

　　구상나무 열매는 긴 타원형의 매끈한 방울 열매가 하늘을
향하여 꼿꼿하게 서 있는 것이 특징이다. 조금은 헷갈리는 사촌
나무인 가문비나무의 열매가 아래로 처지는 것과 비교된다. 구

상나무는 크리스마스트리로도 제격이다. 20세기 초 제주도에서 선교 활동을 하던 프랑스 신부들이 식물 채집을 하여 유럽으로 보낼 때 구상나무 종자도 함께 건너갔다. 유럽으로 건너간 구상나무는 계속 품종을 개량하여 명품 크리스마스트리가 되었다.

나무말은 '기개'다. 기후변화에 적응하기보다 선조가 물려준 추운 환경을 찾아 높은 산으로 올라가는 구상나무의 살아가는 방식이 나무말과 어울린다. 열매는 떨어지면서 산산조각이 난다. 구상나무 열매는 나무에 달려 있을 동안은 아름다운 모습으로 힘차고 굳은 의지를 보이다가, 나무에서의 생애가 끝나고 새로운 길을 택하는 순간 장한 산화散華의 길을 택한다.

조팝나무

Simple bridalwreath spirea / 常山, 繡線菊

* * *

조밥 같은 작고 하얀 꽃

과명	학명
장미과	*Spiraea prunifolia* f. *simpliciflora*

봄기운이 한창 무르익는 4월 하순경의 나들이 길에는, 사람 키 남짓한 자그마한 높이에 무리를 이루어 새하얀 꽃을 온통 뒤집어쓴 조팝나무를 쉽게 만날 수 있다. 잎이 나면서 꽃이 피므로 초록이 조금씩 섞여 있기는 하지만 멀리서 보면 잔설殘雪로 착각할 만큼 새하얀 꽃이 무척 인상적이다. 작은 나무지만 수십 그루

소정원의 조팝나무. 모여서 자랄 뿐만 아니라 가지를 쳐도 잘 자라 산울타리로 제격이다.

1. 자잘하고 새하얀 조팝나무 꽃
2. 꽃이 공처럼 모여 피는 공조팝나무 꽃
3. 원뿔 모양의 꼬리조팝나무 꽃
4. 참조팝나무 꽃

가 무리 지어 피어서 더욱 눈에 잘 띈다. 너무 흔해서 사람들이 별 관심을 두지 않았지만 최근에는 조경수로 많이 심고 있다. 흰 꽃이 청초하고 낮은 키가 부담스럽지 않으며, 무리를 이루어 자라기를 좋아하고 전정가위로 이리저리 잘라도 큰 불평이 없다.

조선 후기의 고전소설 〈토끼전〉에는 별주부가 육지에 올라와서 경치를 처음 둘러보는 장면이 실감나게 묘사되어 있다. "소상강 기러기는 가노라고 하직하고, 강남서 나오는 제비는 왔노

라고 현신現身하고, 조팝나무에 비쭉새 울고, 함박꽃에 뒤웅벌이
오…"라고 했다. 별주부가 토끼를 꾀여내려 뭍으로 왔을 때가 마
침 봄이었나 보다. 지금도 조팝나무 꽃이 어디에서나 흔하게 피
어 있으니 별주부가 토끼를 꾀여내던 그 시절에는 더욱 흔했을
것이다. 썩 밝을 것 같지 않은 별주부의 작은 눈에도 육지에 올
라오자 금세 눈에 띈 나무다. 꽃말은 '애교', '사랑스러움', '기특
함', '우아함' 등이다.

조팝나무란 이름은 오곡의 하나인 조로 지은 좁쌀밥과 관련
이 있다. 열매를 골돌과骨突果라고 부르는데 꽃자리마다 황갈색
의 열매가 살짝 벌어져서 달린다. 한꺼번에 달려 있는 모습이 갓
지은 조밥을 그릇에 담아 놓은 것 같아서 조팝나무가 되었다고
한다.

조팝나무는 꽃 모양과 빛깔에 따라 수십 종이 있다. 소정
원의 진짜 조팝나무를 비롯하여, 하얀 꽃이 작은 접시 모양으
로 피어 그 모습이 마치 작은 공을 쪼개어 펼쳐놓은 것 같은
공조팝나무, 늦봄에서 여름까지 긴 꽃대에 분홍색 꽃이 원뿔 모
양을 이루며 꼬리처럼 달리는 꼬리조팝나무, 봄에 작은 접시 모
양으로 자잘하고 옅은 분홍색의 꽃이 모여 피는 토종 조팝나무
인 참조팝나무 등을 청와대에서 만날 수 있다.

말채나무

Walter's dogwood / 朝鮮松楊

•　•　•

그물 모양의 까만 나무껍질, 하지만 속살은 하얗답니다

과명	학명
층층나무과	*Cornus walteri*

말채나무는 산자락에서 마을 앞 성황당 숲까지 우리나라 어디에
서나 만날 수 있다. 이 나무의 가장 큰 특징은 굵어지면 진한 흑
갈색의 두툼한 나무껍질이 깊게 그물 모양으로 갈라지는 점이
다. 개체마다 조금씩 차이는 있지만 껍질이 거의 새까맣고 깊게
갈라져 때로는 징그럽게 느껴진다. 비슷한 모양의 껍질을 갖고

소정원의 말채나무. 말채나무는 장소를 크게 가리지 않고 어디에서나 아름드리로 잘 자란다.

황백색 꽃이 잔뜩 모여 피는 말채나무 꽃, 흰말채나무의 붉은색 겨울 줄기.

있는 감나무는 색깔도 회갈색이고 그물 모양에 규칙성이 있어서 말채나무 정도는 아니다. 왜 이렇게 징그러운 껍질을 만드는지 그 이유를 명확히 알 수는 없다. 다만 나무속의 함수율含水率이 다른 나무보다 높아서 혹시라도 동물들이 물 많은 몸체를 탐내지 못하도록 대책을 세운 것이 아닌가 짐작할 뿐이다.

　하지만 말채나무의 속살은 징그러운 껍질과 달리 황백색으로 거의 하얗다. 나무의 나이테 무늬가 거의 보이지 않아 깔끔하고 깨끗하다. "겉 다르고 속 다르다"라는 우리말이 있다. 본래 다분히 부정적인 의미이나 말채나무는 반대다. 겉은 시꺼멓지만 속은 너무나 하얗다. 게다가 쓸모까지 있다. 말채나무의 속살은 아이들 장난감이나 그림판 재료로 애용된다. 말채나무의 나뭇가지는 가늘고 길며 잘 휘어지면서 낭창낭창하고 약간 질긴 성질까지 있다. 옛날 사람들이 말을 몰 때 가죽 채찍 대신에 임시로 쓰기에 안성맞춤이었다. 그래서 '말 채찍나무'라고 하다가 말채나무로 변한 것으로 짐작한다.

말채나무에는 늦은 봄날 마치 작디작은 접시를 얹어놓은 것 같은 황백색 꽃이 잔뜩 모여 핀다. 가을이면 열매가 새까맣게 익으며 이를 새들이 따먹고 사방에 퍼트린다. 또 자라는 곳도 별로 가리지 않는다. 청와대 경내에선 상춘재 앞 말채나무 고목이 특히 눈에 들어온다. 키 16미터, 둘레가 한 아름 반이나 되며 나이는 149살로서 고종 10년(1873)부터 자라는 셈이다. 그외에도 소정원, 성곽로 등 여기저기에서 말채나무를 만날 수 있다. 1960년 미국 워싱턴D.C. 시민들이 친선의 뜻으로 말채나무 200그루를 보내왔으며, 일부를 경무대에 심었다고 한다. 그러나 그때 심은 미국 말채나무는 오늘날 거의 확인할 수 없다.

말채나무와 가까운 사이인 흰말채나무가 있다. 키 2~3미터 정도 되는 작은 나무로서 아파트나 공원의 정원수로 많이 심고 청와대 경내 여기저기에서도 볼 수 있다. 흰 꽃이 피고 하얀 열매가 달린다고 이런 이름이 붙었다. 그러나 줄기는 겨울이 되면 거의 새빨간 색이 되어 이름과 특징이 잘 연결되지 않는다. 한편 줄기가 녹황색이면서 모양새나 크기, 꽃 색깔이 흰말채나무와 흡사한 노랑말채나무도 있다.

개나리

Gaenari, Korean goldenbell tree / 連翹

* * *

봄날의 희망을 담은 샛노란 꽃

과명	학명
물푸레나무과	*Forsythia koreana*

봄의 아름다움은 노란빛에서 시작된다. 정원의 산수유, 산속의
생강나무, 노랑나비, 병아리에 이르기까지 노란빛의 느낌은 새
생명이 주는 무한한 가능성, 희망 바로 그것이다. 생명이 움트는
봄의 대명사, 노란 꽃의 왕좌는 개나리의 차지다. 개나리는 제주
도에서 첫 꽃망울을 터뜨린 뒤 남해안에 상륙하고 산 따라 길 따

소정원의 개나리. 주변의 진달래와 함께 봄의 절정을 이룬다.

나리 꽃을 닮은 꽃, 잘 맺히지 않아 보기 힘든 열매(연교).

라 서울을 거쳐 평양, 신의주까지 온 나라를 노랗게 물들여 놓는다. 개나리 꽃의 노란빛은 희망과 평화를 상징하며, 마음을 안정시켜 준다. 개나리 꽃은 하나를 떼어놓고 보면 그저 그런 평범한 꽃이다. 하지만 수백수천의 꽃이 무리 지어 피면 진가가 드러난다.

개나리는 사람 키 남짓 자라며 길게 자란 가지는 활처럼 밑으로 처지는 경향이 있다. 자랑스러운 우리의 꽃으로 학명에 '코레아나koreana'가 들어간다. 우리나라에만 자라는 것은 아니지만 자라는 중심지가 우리 땅이란 이야기다. 생명력이 강해 가지를 꺾어 양지바른 곳에 꽂아만 놓아도 잘 자란다. 청와대 경내에는 곳곳에 개나리가 자라 봄날을 한층 환하게 해준다.

개나리라는 이름은 나리에서 왔다. 나리는 참나리, 하늘나리, 말나리, 솔나리 등의 초본식물을 한꺼번에 부를 때 쓰는 이름이다. 개나리 꽃은 나리 꽃보다 작고, 하나씩 따로 피는 나리 꽃과 달리 무리 지어 피지만 하나를 떼어놓고 보면 닮은 것이 사실이다. 무언가의 이름을 붙일 때 본래 것보다 조금 못하면 흔히 접두어 '개'를 붙이는데, 나리보다 좀 작고 아름다움이 덜하다는 뜻으로 '개나리'가 되었다. 북한에서는 접두어 '개'가 들어간 식물의 이름은 모두 바꾸었다. 예를 들어 개머루는 돌머루, 개벚나무는 분홍벚나무, 개비자나무는 좀비자나무, 개살구나무는 산살구나무, 개오동나무는 향오동나무, 개옻나무는 털옻나무 등이다. 그러나 개나리는 개나리꽃나무로 그냥 두었다. 개나리를 하나의 단어로 여긴 것 같다.

개나리는 지천으로 꽃이 피어도 열매를 보기가 쉽지 않다. 개나리 열매를 연교連翹라 하는데, 한방에서는 성질이 차고 종기의 고름을 빼거나 통증을 멎게 하거나 살충 및 이뇨 작용을 하는 내복약으로 쓴다고 알려져 있다. 개나리 종류로는 산개나리, 만리화, 장수만리화, 의성개나리 등이 있다. 개나리의 꽃말은 '기대'와 '희망'이다.

산수유

Japanese cornelian cherry / 山茱萸

* * *

꽃은 봄소식을 전하고, 열매는 약으로 쓰는 귀한 나무

과명	학명
층층나무과	*Cornus officinalis*

나뭇가지에 파릇파릇하게 돋아나는 새잎과 꽃망울은 봄을 알리는 전령이다. 설을 지나고 버들가지에 물이 올라 파르스름하게 변할 즈음, 양지바른 정원의 산수유는 벌써 샛노란 꽃망울을 터뜨리기 시작한다. 잎이 나오기 전에 작은 꽃들이 조그만 우산 모양을 만들어 나뭇가지가 잘 보이지 않을 정도로 뒤덮는다.

이른 봄 우리 주변에서는 가장 먼저 꽃을 피우는 산수유. 작년 열매가 아직도 달려 있다.

작은 꽃이 모여 송이를 이루는 노란 꽃, 약재로 쓰이는 붉은 열매.

　　산수유는 꽃이 지면 주위의 짙푸름에 잠시 숨어버렸다가, 가을이 깊어지면 갸름한 오이씨처럼 생긴 빨간 열매를 매달고 다시 나타난다. 초록색으로 맺혔다가 붉은색으로 익는다. 산수유 열매는 귀중한 약재로 쓰인다. 《동의보감》에 "산수유 열매는 정력을 보강하고 성 기능을 높이며 뼈를 보호하고 허리와 무릎을 덮어준다. 또 오줌이 잦은 것을 낫게 한다"라는 내용이 있고, 사용한 탕약 종류만도 열 가지가 넘는다. 약용으로 오랫동안 재배되어 왔으며 전남 구례 상위마을, 경북 의성 사곡마을, 경기 이천 백사마을 등은 산수유 생산지로 유명한 곳이다.

　　산수유의 고향은 중국 중서부로 알려져 있고 우리나라에는 삼국시대에 들어왔다. 이와 관련된 기록이 《삼국유사》에 실려 있다. 신라 제48대 임금 경문왕은 임금 자리에 오른 후 귀가 당나귀 귀처럼 길게 자랐다. 이 사실은 모자를 만드는 장인만 알고 있었는데, 그는 나이가 들어 죽음이 가까워지자 경주의 도림사라는 절의 대나무 숲에 들어가 "임금님 귀는 당나귀 귀다!"라고 마음껏 외쳤다. 그는 편히 눈을 감았으나 바람이 불 때마다 그 소리가 메아리가 되어 되돌아왔다. 이 소리를 듣기 싫었던 경문왕은 대나무를 모두 베어버리고 산수유를 심었다 한다. 전남 구례 계천리에 자라는 키 16미터, 뿌리목 둘레 4.4미터, 나이 300~400살로 짐작되는 고목이 우리나라에서 가장 오래된 산수유다. 빨강 열매가 변치 않는 보석 루비를 떠올리게 한다고 꽃말은 '영원한 사랑'이다.

산수유는 약용식물로 심어왔으나 요즘은 조경수로 오히려 더 각광을 받는다. 이른 봄날 거의 같은 시기에 꽃이 피면서 꽃 모양이 산수유와 너무나 비슷한 생강나무가 있다. 여러 개의 꽃이 모여서 피는 것은 마찬가지이나 산수유는 꽃자루가 길고 꽃잎은 네 장이며 생강나무는 꽃자루가 짧고 꽃받침이 여섯 장이다. 또 생강나무는 일부러 기우지는 않으므로 산에서 자연적으로 자라는 경우는 대부분 생강나무다. '뜰에는 산수유, 산에는 생강나무'로 보아도 크게 틀리지 않다.

대나무

Bamboo / 竹

• • •

'나무도 아닌 것이 풀도 아닌 것이'

과명	학명
벼과	*Phyllostachys* spp.

대나무는 동남아시아가 고향이라 우리나라 남부 지방에서 겨우 자랐을 뿐 서울 지방에서는 자라지 못했다. 그러나 기후변화 탓에 이제는 청와대 경내에서도 잘 자라고 있다. 소정원의 동편에서 수궁터가 바로 보이지 않도록 가려주는 자그마한 대나무 밭은 언제 봐도 정겹다. 또 본관 뒤에도 높다란 옹벽을 치고 위쪽

솜대 사이로 오죽이 섞여 자라는 소정원의 대나무 밭.

항상 녹색인 솜대의 줄기, 자라면서 검은색으로 변하는 오죽 줄기, 좀처럼 피지 않는 대나무 꽃.

에는 제법 넓은 대밭이 있다.

대나무는 다른 나무와 자람 특성이 많이 다르다. 땅속줄기의 마디에 있는 곁눈이 자라 땅위로 올라오면 대나무의 새싹인 죽순이 된다. 죽순은 무섭게 자라 40~50일 만에 생장을 끝낸다. 한창 자랄 때는 한 시간에 2센티미터 전후, 최대 4센티미터까지 자라기도 한다.

대나무는 결코 홀로 사는 법이 없다. 대나무의 땅속줄기는 서로 연결되어 있으며 여럿이 모여 밭을 이루는데, 같은 대밭의 나무라도 개개의 나이가 같지 않다. 흔히 대밭에서 꽃이 피는 주기는 60~120년이라고 말한다. 그러나 생육 환경 등 영향을 미치는 요인이 너무 많아 대나무의 개화 주기를 알기는 거의 불가능하다. 대밭의 대나무 하나하나는 1년 된 것부터 20년 된 것까지 섞여 있다. 하지만 노소 구분 없이 함께 꽃을 피웠다가 집단으로 생을 마감한다. 그래서 대체로 5년 전후가 된 대나무는 골라내 베어 쓴다. 또 다른 큰 특징은 줄기에 부름켜[形成層]가 없어서 지름이 굵어지지 않는 것이다. 보통 나무들은 껍질 밑의 부름켜가 계속 분열하여 지름이 굵어져 아름드리가 된다. 그러나 대나무는 풀처럼 아예 부름켜가 없어서 굵어지지 않는다. 평생 죽순 굵기 그대로다. 풀과 자라는 모습이 거의 같다. 다만 풀은 1년이면 지상부가 대체로 죽어버리나 대나무는 수십 년을 산다. 또 기껏해야 사람 키 남짓한 풀과는 달리 대나무는 키가 10여 미터에 이를 수도 있고, 나무처럼 오랫동안 살아 있으며 단단한 목질부를 가지고 있다. 이런 특징으로 보면 틀림없이 나무다. 대나무가 나무인지 풀인지 물어본다면 대답은 간단치 않다.

조선 중기의 문신 윤선도는 대나무를 두고 〈오우가五友歌〉에서 이렇게 노래했다. "나무도 아닌 것이 풀도 아닌 것이/ 곧게 자라기는 누가 그리 시켰으며/ 또 속은 어이하여 비어 있는가?/ 저리하고도 네 계절에 늘 푸르니/ 나는 그것을 좋아하노라." 평생 글 읽기로 이골이 난 그도 대나무가 나무인지 풀인지 헷갈려 했다. 300년이 넘게 지난 오늘도 여전히 의문은 해소되지 않았다. 과연 대나무는 풀인가 나무인가? 결론부터 말하면 '이리 보면 풀이고 저리 보면 나무'다. 그런 애매한 결론이 어디 있느냐

담양 죽녹원의 싱그러운 대숲.

고 힐난할 테지만 사실이다. 식물학자가 '이리 보면 풀'이고, 목수나 일반 사람들이 '저리 보면 나무'다. 이 글을 읽는 분들은 대부분 식물학자가 아닐 터이니 '대나무는 나무다'는 외침이 더 크게 들릴 것 같다.

우리나라의 대나무는 두 부류가 있다. 남부 지방의 인가 근처에 심는 왕대, 솜대, 맹종죽 등의 큰 대나무와 전국 어디에서나 숲속 나무 밑에 흔히 자라는 조릿대, 이대 등의 자그마한 대나무가 있다. 대나무는 사군자의 하나이며 수많은 옛 시가의 소재다. 소나무와 함께 송죽松竹은 변하지 않는 지조의 상징이었다. 우리나라 검찰의 심벌은 다섯 그루 대나무가 나란히 서 있는 형상이다. 가운데는 칼을 형상화하였으며 '정의'를 상징한다. 왼쪽은 '진실'과 '인권', 오른쪽은 '공정'과 '청렴'을 나타낸다. 하루 빨리 우리 국민 모두가 그 의미 그대로 믿는 검찰이 되었으면 좋겠다. 곧게 자라는 늘푸른나무인 대나무의 특성 그대로 나무말은 '절개', '충성', '지조' 등이다.

청와대 경내의 대나무는 주로 솜대이며 오죽이 사이사이에 조금씩 섞여 자란다. 오죽은 죽순에서 처음 자란 줄기는 녹색이나 차츰 색이 짙어져 검게 된다. 까마귀 오烏에 대나무 죽竹을 붙여 오죽烏竹이라 하며 정원수로 널리 심고 죽공예품을 만드는 데에도 이용한다.

이팝나무

Retusa fringetree / 六道木

* * *

수북한 쌀밥 한 그릇처럼 보이는 꽃무리

과명	학명
물푸레나무과	*Chionanthus retusus*

우리나라에서 현대적인 기상 관측은 1907년 인천에 관측소가 설치되면서부터 시작되었다. 겨우 110년이 조금 넘은 셈이다. 그전에도 조선시대에 관상감觀象監이라는 기상관측 전문 기관이 있기는 했지만 일반 백성들에게는 도움이 되지 못했다. 백성들은 농사에 필요한 기상 정보를 자연의 변화에서 얻었다. 이팝나

소정원 중앙에서 하얀 꽃을 가득 피운 이팝나무. 2013년 박근혜 대통령의 기념식수다.

네 갈래로 갈라지는 작은 꽃, 검붉게 익는 열매.

무는 한 해 농사의 풍흉을 짐작할 수 있는 장기 예보관의 역할을 했다. 키 20~30미터에 둘레 두세 아름을 훌쩍 넘기는 큰 나무 인데, 자연 상태의 숲에서는 거의 발견되지 않으므로 대부분 사람이 심은 나무들이다. 오늘날 이팝나무 고목이 자라는 곳을 보면 농경지 옆의 돌무더기나 가까운 산자락이며 꽃이 피는 시기는 5월 초중순의 모내기철과 거의 일치한다. 이팝나무는 땅속의 습기에 민감하다. 봄부터 비가 자주 와서 주위에 물이 풍부하면 이팝나무에 꽃이 많이 피고 오래간다. 물이 많아 모내기 걱정이 없으니 농사는 풍년이 든다. 꽃을 보고 벼농사의 풍흉을 점칠 수 있는 셈이다. 이런 나무를 우리는 기상목 혹은 천기목天氣木이라 하는데, 그중 대표가 이팝나무다.

이팝나무 꽃은 가느다랗게 네 갈래로 갈라지며 꽃잎 하나하나가 긴 밥알처럼 생겼다. 이런 꽃 수천수만 개가 모여 커다란 아름드리나무를 뒤덮을 만큼 잔뜩 핀다. 가지 끝마다 원뿔 모양의 꽃차례를 이루어 잎이 보이지 않을 정도다. 배고픔에 시달리던 옛사람들은 이팝나무의 꽃 핀 모습에서 수북하게 올려 담은 흰쌀밥 한 그릇을 연상했다. 쌀밥을 먹으려면 벼슬아치가 되는 것이 가장 빠른 길이었다. 조선왕조 임금님의 성이 이李씨이므로 벼슬을 해야 이씨가 주는 귀한 쌀밥을 먹을 수 있었다. 그래서 쌀밥을 '이李밥'이라 했다고도 한다. 꽃이 활짝 피었을 때 모습이 이밥 같다고 '이밥나무'라 하다가 이팝나무가 된 것이다. 꽃 피는 시기가 대체로 양력 5월 5~6일경인 입하立夏 무렵이므로 '입하나무'로 부르다가 이팝나무로 변했다는 이야기도 있다.

이팝나무는 옛 문헌에서 거의 찾을 수 없다. 이팝나무의 한자 이름이라고 알려진 육도목六道木은 일본 도쿄의 거리 이름에서 따온 것이며, 류소수流蘇樹는 꽃이 늘어지면서 핀다는 뜻의 중국 이름이다. 글공부에 바쁜 선비들은 나무를 모르고, 나무를 잘 아는 백성들은 글을 모르니 이팝나무가 기록으로 남기는 어려웠다. 나무에 무슨 귀족 나무가 있고 서민 나무가 있으련만, 굳이 따진다면 이팝나무는 배고픔의 고통을 아는 서민 나무의 대표라고 할 수 있다.

이팝나무의 분포 중심지는 우리나라다. 일본과 중국에도 자

전남 순천 황전면 평촌리 이팝나무. 마을의 안녕을 비는 당산나무 겸 정자나무다.

라기는 하지만 잘 만날 수 없어서 일본에서는 절멸위기 II급으로 지정했으며 세계적으로도 희귀식물에 들어간다. 반면 우리나라에는 천연기념물 일곱 곳과 시도기념물 및 보호수를 포함하여 고목나무만 100여 그루가 넘는다. 분포 지역은 포항−대구−고창을 잇는 선의 남쪽, 그리고 서해안으로는 당진을 거쳐 북한의 옹진반도에 걸친 한반도의 중남부였다. 그러나 기후변화의 영향으로 지금은 서울의 궁궐과 청계천 및 가로수 등 중북부 지방에서도 잘 자라고 있다. 대구 북구 칠곡 아파트 단지가 조성되기 전 실시한 지표조사에서 1500년 전의 이팝나무 목재가 출토된 것을 보아 예부터 우리나라에 자라던 나무임에 틀림이 없는 것 같다.

오늘날 이팝나무는 정원수나 가로수로 널리 심는다. 초록 잎 사이로 내미는 새하얀 꽃이 풍요로워 보이고 중장년 세대에게는 배고픔의 보릿고개를 떠올리게 하는 상징성이 있다. 청와대 경내에도 녹지원, 관저 앞 등에서 이팝나무를 만날 수 있다. 박근혜 대통령은 이팝나무를 특별히 좋아하여 2013년 취임하던 해에 소정원에 한 그루를 기념식수했다. 이팝나무의 꽃말은 '오랜 사랑'이다. 아름드리 고목이 되어도 풍성한 흰 꽃을 매년 피우기 때문이다.

백목련

Yulan magnolia / 白木蓮, 木筆花

* * *

꽃눈, 털외투를 두 겹으로 입고 겨울을 나다

과명	학명
목련과	*Magnolia denudata*

나무들은 봄날에 꽃을 피워내기 위해 빠르면 이전 해부터 꽃눈을 만들어낸다. 대부분 크기가 작아 눈에 잘 띄지도 않는다. 그러나 목련의 꽃눈은 아주 크고 특별한 모습이다. 가지 끝마다 손가락 마디만 한 꽃눈이 회갈색의 두껍고 부드러운 털에 덮여 있는데 꼭 붓처럼 생겼다. 그래서 한자로는 목필화木筆花다. 붓 모

잎이 나기 전 큼직한 꽃을 피우는 소정원의 백목련. 향기 또한 은은하다.

양의 꽃눈을 손톱으로 벗겨보면 안에 한 겹이 더 있다. 겨울 동안 혹독한 추위를 이겨내기 위한 이중구조이다. 두툼한 외투를 겹으로 입고 있지만 온도 변화를 금방 알아챌 만큼 아주 민감하다. 따스한 바람이 대지를 몇 번 스치면 금세 웃옷을 훌훌 벗어던져버린다. 꽃은 주먹 크기인데, 여섯 개의 꽃잎 하나하나가 백옥을 보는 듯 눈이 부시다. 평범한 꽃과는 품격이 다르다. 가지의 꼭대기에 한 개씩 커다란 꽃을 피우는 고고함으로나 순백의 색깔로나 높은 품격이 돋보인다. 향기 또한 은은하여 이래저래 사람들의 사랑을 듬뿍 받는다. 목련木蓮이란 이름은 연꽃처럼 생긴 아름다운 꽃이 나무에 달린다는 뜻이다. 하얀 커다란 꽃이 하나씩 피므로 꽃말은 '숭고함', '고귀함', '순결' 등이다.

목련 꽃눈은 끝이 대체로 북쪽을 향하는 것처럼 보인다. 이수광의 《지봉유설芝峯類說》〈훼목부卉木部〉에는, "순천 선암사에는 북향화北向花란 나무가 있는데, 보랏빛 꽃이 필 때 반드시 북쪽을 향하는 까닭에 이렇게 이름 붙였다"라고 했다. 자목련을 말한 것이지만, 다른 목련 종류도 꽃이 필 즈음 꽃봉오리가 북쪽을 향한다고 알려져 있다. 조선시대 벼슬을 한 관리들은 서울의 남쪽 지방 출신들이 대부분이었다. 임금이 북쪽에 계시니 목련꽃마저 북으로 향하여 인사를 드린다고 생각한 것이다. 자세히 관찰하면 겨울 꽃눈은 물론 꽃봉오리도 벌어지면서도 끝이 북쪽을

1. 목련 꽃
2. 자목련 꽃
3. 별목련 꽃
4. 일본목련 꽃

향하고 있다는 느낌이 든다.

　우리 주변에서 흔히 만나는 목련은 대개가 중국에서 들여
온 백목련이다. 정작 제주도 원산의 우리 목련은 오히려 귀하다.
목련은 꽃잎이 여섯 개로 좁고 얇으며 뒤로 젖혀질 만큼 활짝 핀
다. 목련은 꽃잎 안쪽에 붉은 선이 있고 꽃받침이 뚜렷하게 구분
되는 반면, 백목련은 꽃잎이 아홉 개이고 꽃받침이 꽃잎처럼 변
해 있다. 자목련은 백목련과 다른 특징들은 같으나 꽃잎이 앞뒤

꽃을 한껏 피운
침류각 입구의 자주목련.

가 모두 붉은 보라색이다. 또 백목련과 자목련을 교배하여 만든
자주목련은 꽃잎의 안쪽이 하얗고 바깥쪽은 보라색이다. 침류각
입구에는 자주목련 한 그루가 자란다. 드물기는 하지만 중국에
서 들여온 별목련도 있다. 별목련의 꽃잎은 12~18장이고 목련
은 6~9장이다.

청와대 경내에선 소정원에 자라는 백목련이 가장 곱게 꽃을
피운다. 그 외 자그마한 별목련 두 그루가 수궁터에서 살아가고

있다. 박정희 대통령은 1976년에 9살 된 목련을 기념식수했으며, 최규하 대통령의 기념식수 사진에도 목련이 보이나 둘 다 지금은 남아 있지 않다.

이외에는 친환경시설 단지 입구에 키만 껑충하여 좀 엉성해 보이는 일본목련 한 그루가 자란다. 우리 목련과 달리 일본목련은 잎이 나오고 한참 뒤인 5월 말이나 되어야 꽃이 핀다. 연한 노란빛이 들어간 황백색의 큰 꽃이 하늘을 향하여 핀다. 잎은 길이 한두 뼘에 이르고 너비도 15~20센티미터나 되어 사람 얼굴 전체를 가릴 수 있을 정도다. 나무는 줄기가 곧고 키 30미터, 둘레 두 아름을 넘길 만큼 크게 자란다.

일본목련은 흔히 후박나무라 부르며, 일제강점기에 들여와서 지금은 조경수로 널리 심고 있다. 처음 수입한 사람들이 일본의 생약 이름인 후박厚朴을 이름으로 가져다 붙이면서 원래 우리나라에서 자라던 진짜 후박나무와 중복되어 혼란이 생겼다. 법정 스님의 수필 〈버리고 떠나기〉는 이렇게 시작한다. "뜰 가에 서 있는 후박나무가 마지막 한 잎마저 떨쳐 버리고 빈 가지만 남았다. …" 그런데 진짜 후박나무는 늘푸른나무라서 낙엽이 지지 않는다. 나무 공부가 설익은 어느 분이 스님에게 일본목련을 후박나무라고 잘못 알려드린 것이다.

백합나무

Tulip tree, Yellow poplar / 百合木

* * *

틀립을 닮은 예쁜 꽃과 쓸모가 많은 목재까지

과명	학명
목련과	*Liriodendron tulipifera*

녹지원 서쪽 용충교와 백악교를 품고 있는 숲은 그윽하고 깊이가 있어서 여기가 청와대 경내라는 사실을 잠깐 잊게 한다. 한두 아름에 이르는 쭉쭉 뻗은 나무 몇 그루는 키 20미터를 넘기고 있다. 이들 중 백합나무가 가장 눈에 잘 띈다. 아름드리의 미끈한 줄기가 곧장 하늘로 치솟아 오르면서 자라기 때문이다. 2022년

녹지원 숲과 수궁터 일대의 많은 나무 중 가장 크고 웅장하게 자라는 백합나무.

튤립 꽃을 닮은 녹황색의 꽃, 새싹이 날 때까지 달려 있는 열매껍질, 맑고 곱게 물드는 단풍.

현재 나이는 74살, 이곳을 대통령 집무실로 사용하기 시작한 1948년 무렵부터 자라는 셈이다. 백합나무의 원산지는 미국 중 동부와 캐나다 남부에 걸쳐 있다. 이승만 대통령이 미국에서 학 위를 받았던 프린스턴대학을 비롯하여 그가 다녔던 하버드대학, 조지워싱턴대학 일대는 모두 백합나무가 널리 자라는 곳이다. 기록은 남아 있지 않지만 그의 집권기인 1950년대에 미국에서 익숙했던 백합나무를 심지 않았나 추정되기도 한다.

늦봄에 여섯 장의 녹황색 꽃잎을 달고 어린아이 주먹만 한 꽃이 위를 향하여 한 송이씩 피는데, 모양이 튤립 꽃을 그대로 닮았다 하여 영어 이름을 따라 튤립나무라고도 한다.

목재의 질이 좋고 펄프의 원료는 물론 가구, 목공예, 합판 등으로 널리 쓰인다. 우리나라에는 1920년대에 처음 들어왔으나 제대로 숲을 만들어 가꾼 곳은 1968년 전남 강진 칠량면 명주리 일대에 백제약품이 조성한 700여 헥타르의 백합나무 숲이 처음이다.

백합나무 목재는 가볍고 부드러우며 연한 노란빛을 띠고 광택이 있어서 쓰임이 많다. 또 빨리 자라는 나무로 유명하다. 빨리 자라는 속성수速成樹의 대표인 포플러와 비교되어 옐로우포플러Yellow poplar라는 이름으로 불릴 정도다. 백합나무는 잎 모양도 특별하다. 긴 잎자루에 어른 손바닥만 한 커다란 잎의 끝 부분은 가위로 싹둑 잘라놓은 것 같고, 가장자리는 단순한 곡선이어서 소박한 단순미가 매력이다. 공해에 강하고 병충해가 거의 없으며 전국 어디에나 심을 수 있고, 가을이면 노란 단풍이 운치를 더한다. 그래서 가로수나 공원에도 많이 심고 있다. 이런저런 자랑거리가 많은 나무라 이역만리 타향에서도 고향 땅이 어딘지를 까맣게 잊어버릴 만큼 우리들의 사랑을 받고 있다. 꽃말은 '행복', '뛰어난 아름다움' 등이다.

살구나무

Apricot / 杏

* * *

우선 '살구 보자'고 병원에도 심는다는 살구나무

과명	학명
장미과	*Prunus armeniaca*

필자는 가끔 궁궐을 비롯한 우리 문화유적지를 찾아다니면서 나무를 설명하는 해설사가 된다. 살구나무를 만나면 이런 이야기로 해설을 시작한다. "이 나무는 병원에 잘 심습니다. 왜냐고요? 우선 '살구 보자'는 뜻이랍니다." 물론 딱딱할 수밖에 없는 나무이야기를 조금이라도 부드럽게 하려는 '아재 개그'다. 하지만 나

수궁터 한쪽에서 아름드리로 자란 살구나무 고목.

거의 하얗게 피는 꽃, 노랗게 익은 살구.

름 근거가 있다.

중국 오나라의 동봉董奉이란 의사는 환자를 치료해 주고 돈을 받는 대신 앞뜰에다 살구나무를 심게 했다. 오래지 않아 그는 수천 그루의 살구나무 숲 주인이 되었다. 사람들은 이 숲을 동선행림董仙杏林 혹은 그냥 행림이라고 불렀다 한다. 그는 살구가 익으면 내다 팔아서 곡식과 교환하여 가난한 사람을 구제하는 일에 썼다. 이후 사람들은 '행림'을 진정한 의술을 펴는 의원을 나타내는 말로 대신하였다. 그러니 살구나무는 병원에 심을 나무로는 안성맞춤이다. 우리의 병원도 살구나무 한 그루라도 심고 동봉의 깊은 뜻을 헤아리기를 기대한다.

청와대 경내에도 공교롭게 의무실로 쓰였던 건물과 가까운 곳에 굵은 살구나무가 자란다. 특히 수궁터 주차장 한쪽에는 아름드리 살구나무 고목이 구부정하게 허리를 굽혀 그늘을 만들어주고 있다. 이 나무는 봄날의 꽃이 유난히 아름다운, 청와대의 명품 꽃나무 중 하나다. 그 외에 녹지원 등 곳곳에 살구나무가 자란다. 매화나무가 은은한 꽃향기를 즐기는 선비의 나무라면 살구나무는 가난한 백성의 나무였다. 초가집 마당 한 켠에 심어두고 열매가 익으면 배고픈 아이들의 간식거리가 되기도 했기 때문이다.

살구나무는 아득한 옛날 중국에서 들어온 수입 나무다. 따라서 숲에서는 만날 수 없고 사람들이 인가 근처에 일부러 심어 기르는 나무다. 처음 들어온 시기는 명확하지 않으나 삼국시대 이전일 것으로 짐작하고 있다. 우리 땅에도 살구나무와 아주 닮은 나무가 있다. 중부 이북에 주로 자라며 줄기에 두꺼운 코르크가 발달하는 토종 개살구나무다. 열매는 좀 작고 떫은맛이 강하여 먹기가 거북살스런 탓에 중국에서 들어온 살구나무가 주인이 되고 우리 살구나무는 앞에 '개'가 붙어버렸다. 맛 좋고 덩치도 더 큰 중국산 살구에 밀린 셈이나. 결국 우리의 개살구는 "빛 좋은 개살구"라는 속담처럼 볼품만 있고 실속이 별로일 때 쓰는 말에나 등장한다.

살구나무는 꽃과 과일이 전부가 아니다. 몸통의 쓰임도 요긴하다. 골 깊은 산사에서 울려 퍼지는 맑고 은은한 목탁 소리는

대구 팔공산 부인사의 개살구나무.

세상의 모든 번뇌를 잊게 한다. 바로 살구나무로 만든 목탁에서 나는 소리다. 목탁에 쓰이는 나무가 몇 가지 있지만, 역시 살구나무 고목이라야 제대로 된 소리를 얻을 수 있다고 한다.

살구나무는 봄이 시작될 무렵 잎보다 먼저 연분홍색 꽃을 피우면서 한 해를 시작한다. 이어서 동그스름한 잎을 펼치고 초여름에 들면서 다른 과일보다 훨씬 먼저 살짝 붉은색이 도는 노란 열매를 매단다. 일찍 자식 농사를 끝내버렸으니 이듬해까지 느긋하게 살아갈 수 있다. 살구나무란 이름은 살갗이 곱다는 뜻의 '솔고나무'에서 왔다. 지금도 고운 피부를 노랗게 잘 익은 살구에 비유하곤 한다. 꽃말은 '소녀의 수줍음', '몰래하는 사랑', '의혹' 등이다.

매화나무

Japanese apricot / 梅

* * *

꽃을 볼 땐 매화나무, 열매를 딸 땐 매실나무

과명	학명
장미과	*Prunus mume*

매화는 우리나라와 중국과 일본 모두가 좋아하는 꽃나무다. 이름도 여럿이고 품종도 헤아리기 어려울 만큼 많다. 꽃을 감상하는 것이 주목적인 화매花梅와 열매 수확을 주목적으로 하는 실매實梅로 나눌 수 있다. 화매는 꽃의 색에 따라 다시 백매, 홍매로 나누고 겹꽃이면 만첩萬疊이라는 접두어가 붙는다. 열매는 설익

수궁터 정원 중앙의 매화나무. 나무 앞에는 청와대 옛 본관의 흔적인 절병통이 놓여 있다.

백매와 홍매.

은 청매靑梅, 연기로 훈증한 오매烏梅 등이 있다. 그 외 꽃이 비슷하다고 매화란 이름이 들어간 식물은 목본에 납매臘梅, 돌매화나무, 매화말발도리, 옥매玉梅, 황매화 등이 있고 초본에도 금매화, 매화노루발, 매화마름, 매화바람꽃, 물매화 등이 있다.

매화는 화려하진 않지만, 그렇다고 너무 수수하지도 않고 품격 높은 동양의 꽃이다. 원산지는 중국 쓰촨성이며 사람들이 가까이한 것은 청동기시대부터다. 소금과 함께 꼭 필요한 식재료 중 하나인 식초의 원료가 매실이었다. 중국에서 가장 오래된 시집인 《시경詩經》에는 〈매실 따기[摽有梅]〉란 제목의 노래로 처음 등장한다. 매화가 꽃으로 눈에 띄기 시작한 것은 한나라 무제 때 궁궐에 심으면서부터라고 한다. 이후 매화는 수많은 시인과 묵객들이 시를 쓰고 그림을 그리는 소재가 되었고, 선비의 꽃나

전남대 본관 옆의 대명매. 꽃잎이 겹겹인 만첩홍매다.

무로서 사랑을 받아왔다.

　매화가 우리나라에 들어온 시기는 《삼국사기三國史記》 고구려 대무신왕 24년의 기사에 "8월, 매화가 피었다"라는 구절이 있어 약 2천 년 전임을 추정할 수 있다. 그러나 삼국시대와 고려시대를 거치는 농안에 크게 주목을 받지 못하년 매화는 조선 사회를 대표하는 지식인들의 문화에 사군자四君子, 세한삼우歲寒三友 등의 형태로 들어가면서 다시 각광을 받게 된다. 수많은 조선의 선비 중에 퇴계 이황만큼 매화 사랑이 각별했던 이도 없다. 매화시 91수를 모아 《매화시첩梅花詩帖》이란 시집을 따로 낼 정도였

꽃잎과 꽃받침이 붙어
있는 매화,
꽃잎과 꽃받침이 떨어져
있는 살구꽃.

다. 세상을 떠나면서 남긴 유언도 "저 매화 화분에 물을 주어라"
였다.

　국가표준식물목록에 실린 정식 명칭은 열매를 기준으로 붙
인 '매실나무'다. 그러나 옛 문헌에서는 거의 매화나무로 일컫는
다. 이웃국가인 중국, 일본 및 북한에서도 매화나무라고 한다.

같은 나무를 두고 꽃으로 볼 때 매화나무, 열매를 볼 때 매실나무라 한다.

《본초강목本草綱目》(중국 명나라 때의 본초학자 이시진이 엮은 약학서)에 매실나무가 옛 글자인 몿매로 나와 있는데, 이는 나무 위에 열매를 달고 있는 매실나무를 형상화한 것이라고 한다. 매화나무는 살구나무를 닮았으나 구별하기 위해 살구 행杏 자를 거꾸로 한 것이다. 두 나무는 얼핏 봐선 구별하기 어렵다. 매화나무는 꽃잎과 꽃받침이 서로 붙어 있고 익은 열매의 과육과 씨가 잘 분리되지 않는다. 살구나무는 꽃받침이 꽃잎과 떨어져 뒤로 젖혀 있고 과육이 씨와 쉽게 분리된다.

청와대 경내에서는 수궁터의 매화나무가 가장 굵고 품위 있다. 백매로서 대체로 3월 초순, 중순에 꽃망울을 터뜨려 3월 말쯤이면 만개한다. 청와대에 봄이 왔음을 알려주는 전령이다. 그 외에도 관저 앞 정원에 만첩백매가 있고, 상춘재 앞 등 여러 곳에 매화나무가 자라는데 모두 백매다. 청와대 경내에 홍매는 보이지 않는다. 꽃말은 '고결함', '충실함', '기품' 등 매화의 꽃 특징과 잘 어울린다. 그 외 백매의 꽃말은 따로 '품격', '기품氣稟'이라고 한다.

주목

Rigid-branch yew / 朱木, 赤木, 慶木

* * *

몸은 부실해도 천 년을 바라본다

과명	학명
주목과	*Taxus cuspidata*

수궁터에는 744살2022년 기준된 주목이 있다. 주목은 원래 높은
산꼭대기에서 자라며 오래 사는 나무로 유명하다. 극한의 환경
에서 오래 버티다 보니 주목 고목은 흔히 몸체가 비틀어지고 꺾
어지고 때로는 속이 모두 썩어버려 텅텅 비어 있는 경우가 많다.
수궁터 주목도 자그마한 키에 몸체의 대부분이 죽어버려 부실한

수궁터의 744살 된 주목. 청와대에서 가장 나이가 많은 고목나무다.

우리나라에서 가장 나이가 많다고 알려진 천연기념물 제433호 정선 두위봉 주목.

몸을 가지고 있다.

흔히 주목은 "살아 천 년 죽어 천 년"이라고 말한다. 증명할 수 있는 실례도 있다. 강원 정선 두위봉의 천연기념물 제433호 주목 세 그루는 나이가 1100~1400살에 이른다. 가운데 맏형의 나이는 자그마치 1400여 살. 김유신 장군, 계백 장군과 거의 동갑내기다. 평양 부근의 오야리 19호 낙랑고분에서 출토된 관재는 두께가 25센티미터에 지름이 1미터가 넘는 주목 판재로 만들었다. 이렇듯 주목은 살아서도 죽어서도 천 년을 훌쩍 넘긴다.

공주 무령왕릉에서 출토된 왕비의 두침.
주목으로 만들었다.

주목은 세포 구성이 매우 단순하다. 보통의 나무들은 네다
섯 종 이상의 세포들로 몸체가 구성되나, 주목은 헛물관과 방사
유세포라는 달랑 두 종의 세포로만 몸체가 구성된다. 이런 단순
함이 험난한 자연 속에서 오래 살아남을 수 있는 하나의 원인이
라고 짐작한다. 주목朱木이라는 이름 그대로 나무껍질이 붉은빛
을 띠고 있으며, 속살도 붉다. 결이 곱고 잘 썩지 않으며 재질이
좋을 뿐 아니라 목질의 붉은색은 잡귀를 내쫓고 영원한 내세를
상징한다는 믿음이 있어서 낙랑고분의 경우처럼 권력자의 관재
로 쓰이는 경우가 많다. 중국 지린성 지안현 환문총 및 경주 금
관총의 목곽 일부, 공주 무령왕릉의 왕비가 베고 있던 두침頭枕
도 주목이었다. 서양에서도 주목은 관재로 쓰였으며, 활을 만드
는 재료로도 사랑을 받았다. 톱밥을 물에 우려 궁중에서 쓰는 붉
은색 물감으로 이용하기도 했다.

주목은 늘푸른 바늘잎 큰키나무다. 줄기의 둘레가 두세 아

갈색 씨앗을 품고 있는 붉은 열매, 속이 비었고 일부만 살아 있는 수궁터 주목의 줄기.

름이나 될 정도로 크게 자라지만, 자라는 속도는 매우 느리다. 1년에 1~2밀리미터 남짓 굵어지니, 제법 굵어 보인다 싶으면 나이가 100살을 훌쩍 넘는다. 잎은 좁고 납작하며 짧다. 가지에 불규칙하게 두 줄로 나란히 붙어 있으며 잎의 끝이 갑자기 뾰족해진다. 잎의 뒷면은 연한 초록빛이고, 눈으로는 잘 보이지 않지만 숨구멍이 있다. 봄에 꽃이 피긴 하는데 웬만큼 주의하지 않으면 잘 찾을 수 없다. 그러나 가을에 접어들면 새끼손가락의 첫 마디보다도 작은 열매가 앵두만큼이나 고운 붉은빛으로 익어 우리의 눈길을 끈다. 앵두보다 더 짙은 붉은 과육으로 작은 컵을 만들고 안에 짙은 갈색 씨가 들어 있다. 과육은 종자껍질과 비슷하지만 가짜라는 뜻으로 가종피假種皮라고 하는데, 익으면 야간 달콤한 맛이 있어서 새들이 좋아한다. 가종피만 먹고 안에 든 씨앗은 멀리 옮겨달라는 주문이다. 씨앗에는 유독성분이 있으므로 많이 먹으면 생명까지 위험하다. 암수가 따로 있어서 열매 없는 주목도 볼 수 있다.

곧바르게 자라는 주목과 달리 처음부터 원줄기가 여러 개로 갈라져 비스듬하게 누워 자라는 눈주목이 있다. 수시로 억센 바람이 불어오는 산꼭대기에 자라던 일부 주목이 오랜 세월 동안 환경에 적응하여 곧바르게 자라기를 포기하고, 아예 눈주목이라는 새로운 종으로 다시 태어난 것이다. 편안하게 살 수 있는 평지에 옮겨줘도 영영 일어나지 못한다. 눈주목 역시 청와대 경내 곳곳에서 조경수로 만날 수 있다. 나무말은 '고상함'과 함께 '슬픔', '애석함', '위안' 등이 있다.

단풍나무

Palmate maple / 丹楓, 楓

* * *

가을을 알려주는 대표 나무

과명	학명
단풍나무과	*Acer palmatum*

단풍은 온도 차이로 식물의 잎 속에서 생리적 반응이 일어나 초
록색 잎이 색깔 변화를 일으키는 현상을 말한다. 단풍나무의 붉
은 단풍, 은행나무의 노랑 단풍, 참나무의 갈색 단풍 등 수종마다
천차만별의 색깔을 나타낸다. 그러나 단풍이라면 붉은 단풍이
대표다. 단풍이라는 단어도 붉을 단丹에 단풍 풍楓으로 쓴다. 단

수궁터 앞에서 고운 붉은빛으로 물든 늦가을의 단풍나무.

은 색깔을 나타내고, 풍은 나무[木]와 바람[風]을 합친 글자인데 잠자리 날개처럼 생긴 단풍나무 열매가 바람에 멀리 날아가는 모습을 형상화한 것이다. 단풍나무는 종류에 상관없이 한 쌍의 날개열매를 달고 있다. 헬리콥터의 프로펠러는 단풍나무 열매에서 아이디어를 얻었다고 한다. 단풍나무는 단풍도 아름답지만, 몸체는 옛날엔 가마나 소반 등에 이용됐고 지금은 테니스 라켓, 볼링 핀으로 쓰이고 체육관의 바닥재로도 최고급품으로 친다.

연산군은 수많은 악행으로 폭군이란 별칭이 붙었지만, 시를 쓰고 꽃과 나무를 좋아한 기록들도 어느 임금보다 많다. 쫓겨나기 2년 전인 연산군 10년에 왕은 어제시御製詩 한 절구絶句를 승정원에 내려 보냈다. "단풍잎 서리에 취해 요란히도 곱고/ 국화는 이슬 젖어 향기가 난만하네/ 조화의 말없는 공 알고 싶으면/ 가을 산 경치 구경하면 되리." 연산군에게 시상詩想을 불러일으킨 단풍과 가을 산은 어디일까? 필자 나름대로 상상의 나래를 펼쳐본다. 이때는 임진왜란 이전이니 경복궁이 있던 때이고, 그 후원은 지금의 청와대 자리다. 단풍나무가 많은 이곳에 연산군 때에도 역시 단풍이 많았을 것이다. 산은 물론 북악산이었을 터다.

청와대 경내의 단풍나무는 녹지원 숲속에 무리 지어 자란다. 백합나무, 상수리나무 등의 큰 나무들이 햇빛을 적당히 가려주는 아래에 단풍나무가 있다. 늦가을이면 이 일대는 단풍이 곱

5~7갈래로 갈라진 단풍나무 잎, 9~11갈래로 갈라진 당단풍나무 잎,

게 물들어 청와대의 가을 풍경을 더욱 아름답게 만들어준다. 작은 계곡이 있어 수분이 많고 햇빛을 바로 받지 않는 이런 곳이 단풍나무가 가장 좋아하는 환경이다. 서울의 잘 알려지지 않은 단풍 비경이다. 다른 곳보다 단풍이 조금 늦어 대체로 11월 중순 경이 절정이다. 이승만 대통령은 1960년 4월 9일 경무대에서 손수 가꾼 단풍나무 3만 그루를 각 기관을 통하여 전국에 나눠주었다고 한다.

단풍나무 종류는 종간 교배가 질되어 수많은 종류가 있지만, 흔히 단풍이라고 할 때는 단풍나무와 당단풍나무를 일컫는 경우가 많다. 잎은 손바닥을 편 모양이거나 개구리 발 같은 모양으로, 5~7갈래로 깊게 갈라지면 단풍나무, 9~11갈래로 얕게 갈라지면 당단풍나무다. 단풍나무가 자생하는 곳은 따뜻한 남부

고운 붉은색으로 물든 녹지원 숲의 단풍나무들.

춘추관의 공작단풍. 자잘하게 갈라진 잎이 공작의 깃털 같아 보이는 데서 이름이 유래했다.

지방에서부터 일본에 걸친 지역이다. 반면에 당단풍나무는 중부 이북에서 자란다. 이름에 당나라 당唐이 붙은 것은 단풍나무보다 상대적으로 더 북쪽에 자라며 중국에도 많기 때문이라고 한다. 나무말은 '자제함', '겸손함', '조화로움', '근신함' 등이다.

홍단풍은 봄날 잎이 나올 때부터 붉은색을 띤 채로 가을까지 그대로 간다. 대체로 초여름까지는 붉은색이 선명하고 한여름에는 녹색이 섞여 옅어지며 가을에는 보라색이 진해져 좀 칙칙해진다. 홍단풍은 일본의 에도시대에 단풍나무의 재배품종으로 개발했다고 한다. 우리나라에는 일제강점기인 1930년대에

들어왔다. 일본 이름 그대로 노무라[野村]단풍 혹은 야촌단풍이
라 하다가 지금은 홍단풍이 정식 이름이 되었다.

그 외 본관 동별채 앞, 춘추관 정원, 여민관 등 곳곳에서 만
날 수 있는 특별한 생김새를 가진 단풍나무가 있다. 잎이 마치
공작새의 깃털 같다고 해서 공작단풍이다. 가늘게 갈라진 잎 모
양을 강조해서 세열단풍이라고도 하고, 가지가 늘어지는 특징을
들어 수양단풍이라고도 한다. 일본에서 자생하는 단풍나무 중
잎이 촘촘하게 갈라지는 변종을 기본종으로 하여 오랜 시간 다
양한 방법으로 교배시켜 개량한 종이다.

중국단풍은 이름 그대로 중국에서 들어온 단풍나무다. 수입
시기와 경로가 확실하지 않으나 대체로 1970년대 초에 일본을
통하여 들어온 것으로 짐작한다. 가로수나 공원의 정원수로 청
와대 경내에도 관저 앞길 부근 등에 몇 그루가 자라고 있다. 키
20미터에 한 아름 넘게 자라며 손바닥 반만 한 잎이 얕게 세 갈
래로 갈라져 신나무와 비슷하나 잎 길이가 훨씬 짧다. 단풍나무
는 잎에 떨켜가 잘 생기지 않아 오글쪼글한 모습으로 오랫동안
나무에 달려 있다가 떨어진다. 반면에 중국단풍은 잎이 우리 단
풍보다 두꺼워 잎 모양 그대로 떨어지는 경우가 많다. 이런 특징
때문에 갈수록 우리 단풍나무보다 더 많이 심고 있다.

감나무

Oriental persimmon / 柹, 柿木

* * *

사람에게도 까치에게도
풍성한 가을을 가져다주는 홍시

과명	학명
감나무과	*Diospyros kaki*

돌담에 난 사립문을 밀고 안으로 들어가 본다. 나지막한 초가집 옆, 마당 구석에 한두 그루의 감나무가 있다. 우리 농촌의 옛 풍경이다. 붉은 감이 주렁주렁 달리고 초가지붕에 달덩이 같은 박이 얹히면 수확의 계절 가을은 막바지에 이른다. 청와대 경내에도 곳곳에 감나무가 있다. 유난히 맑은 늦가을 어느 날, 알알이

늦봄 연초록 잎이 피어나는 수궁터 한편의 감나무.

도톰하고 노란 감꽃, 잘 익은 홍시.

맺힌 붉은 땡감 사이로 펼쳐진 파란 하늘을 바탕에 깔고 북악산
이 보이는 풍경은 흔한 표현으로 가히 환상적이다. 감은 제때에
따주지 않으면 나무에 매달린 채 홍시가 된다. 잘 고른 홍시는
유난히 달콤하다. 청와대가 대통령 집무실이자 관저였던 시절에
나무 조사를 하던 중, 따라다니는 경호원 눈치가 보여 쭈뼛쭈뼛
하면서도 연구원들과 함께 맛본 달달한 홍시 맛은 잊을 수 없다.

　　옛날 사람들에게는 감도 중요한 먹을거리였으므로 홍시가
되어 땅에 떨어지기 전에 수확했다. 감을 딸 때는 꼭 몇 개를 남
겨놓았다. 배고픈 새들에게 보시하는 따뜻한 마음씨였다. 일명
'까치밥'이다. 감은 끝을 V자로 벌린 긴 대나무 장대에 감나무
가지를 끼운 뒤 비틀어서 따곤 한다. 하지만 큰 감나무는 사람
이 올라가서 따는데, 매년 가지가 부러져 낙상 사고가 수없이 일

위아래 여닫이 문을
먹감나무 판재로 만든 이층농.

어난다. 감나무 목재 세포를 현미경으로 들여다보고 이유를 알 수 있었다. 감나무 가지는 세포 길이가 짧고 층층으로 배열되는 경향이 있다. 때문에 작은 가지는 쉽게 부러지기 마련이다.

감에는 타닌tannin이 들어 있어서 그대로는 먹기 어렵다. 껍질을 벗겨 말린 곶감[乾枾]으로 먹기도 하고, 따뜻한 소금물에 담가서 삭히기도 하고, 아예 홍시를 만들기도 한다. 《동의보감》에 보면 곶감이나 홍시를 여러 증상에 약재로 사용하고 있다.

감나무의 쓰임새는 과실로 끝나지 않는다. 감나무는 목재도 단단하고 치밀하여 특별한 쓰임새가 있다. 그중 검은 줄무늬가 들어간 것을 먹감나무[烏枾木]라고 하는데, 전통 가구를 만드는 데 빼놓을 수 없는 재료다. 조선시대에는 안방 장롱, 문갑, 사방탁자 등을 만드는 데 널리 쓰였다. 먹감나무 판자 표면을 곱게 대패질하면 산수화나 괴석 모양과 같은 문양이 나오기 때문이

다닥다닥 붙어 달린
구슬 크기의 고욤.

다. 그러나 먹감나무라는 종류가 따로 있는 것은 아니다. 타닌을
포함한 색소가 감나무 목재 속에 불규칙적으로 침착되어 검은
줄무늬를 나타낼 뿐이다. 잘라보지 않고는 먹감나무인지 아닌지
알 수가 없다. 감나무 종류는 이렇게 목재가 검게 변하는 특징이
있으며, 열대 지방에서 자라는 감나무의 사촌 흑단黑檀, Ebony은
이름 그대로 나무속이 완전히 새까맣다. 감나무의 나무말은 '자
애로움', '소박함', '은혜' 등이다. 1989년 노태우 대통령이 상춘
재 앞에 기념식수한 감나무 한 그루는 최근에 죽어버렸다.

비슷한 종류로 고욤나무가 있다. 우리 속담에 '고욤 일흔이
감 하나보다 못하다'라는 말이 있다. 자질구레한 것이 아무리 많
아도 큰 것 하나를 못 당한다는 뜻이다. 고욤은 감처럼 생겼으나
작은 새알 크기에 불과하다. 가을이면 구슬 크기의 황갈색 열매

경북 상주 외남면 소은리의 감나무. 고욤나무에 접붙이기한 우리나라에서 가장 오래된 감나무다.

가 가득 열린다. 너무 떫고 온통 씨투성이라 먹기 거북하다. 서리를 맞히고 흑자색으로 완전히 익혀서 반죽처럼 으깨 놓으면 떫은맛이 가시고 겨우 먹을 만하다. 그래도 배고픈 시절을 보낸 세대들은 오지그릇에다 고욤을 잔뜩 넣어두었다가 숙성시킨 후 농지섣날 추운 밤에 숟가락으로 써 먹던 맛을 잊지 못한다. 고욤나무는 열매를 먹기 위해 키우기보다는 감나무를 접붙일 때 밑나무로 많이 쓴다. 녹지원 숲에서 수궁터 쪽으로 올라가는 길섶에는 제법 큰 고욤나무 한 그루가 자라고 있다. 그 외 경남 진영에서 가져온 단감나무도 침류각 마당 등에서 만날 수 있다.

낙상홍

Japanese winterberry / 落霜紅

* * *

서리가 내려야 빨간 열매가 더욱 아름답다

과명	학명
감탕나무과	*Ilex serrata*

늦가을, 서리가 내리면 대부분의 잎지는나무들은 물든 단풍마저 붙잡지 못하고 나신裸身이 되고 만다. 이때 가장 눈에 잘 띄는 나무가 낙상홍이다. 서리가 내린 다음에야 작고 동그란 빨간 열매가 돋보인다는 뜻으로 낙상홍落霜紅이라고 한다. 키가 2~3미터 남짓하며 일본 중남부에 자생하는 나무다. 최근에 조경수로

122

수궁터의 낙상홍. 잎이 지고 붉은 열매가 드러나기 전까지는 거의 눈에 띄지 않는다.

잔톱니가 촘촘한 잎, 연보랏빛으로 피는 암꽃.

들여왔으며 일본 사람들은 우메모도키梅擬, ウメモドキ라 부른다. 잎이 매화나무 잎을 닮았다는 뜻의 평범한 이름이다. 그러나 우리와 중국은 수입하여 심으면서 낭만적이고 운치 있는 낙상홍이란 이름을 붙여주었다. 낙상홍은 우리나라 중북부의 추위에도 잘 버티며 땅도 아주 메마르지만 않으면 된다. 낙상홍은 암수가 다른 나무이며, 물론 암나무라야 열매를 맺는다.

낙상홍은 봄부터 초가을까지는 다른 나무들의 푸름에 묻혀 눈에 잘 띄지 않는다. 꽃 지고 푸른 잎 사이로 작은 열매가 달리기 시작하다가 서리가 내리고 나서야 비로소 사람들은 갑자기 나타난 낙상홍 열매의 아름다움에 놀란다. 작은 나무의 가지마다 수백수천 개씩 지름 5밀리미터 전후의 새빨간 열매가 온통 나무를 뒤덮는다. 잎사귀 하나 없는 나목에 빨간 열매가 달린 늦가

서리가 내린 다음
낙상홍 열매는
더욱 붉어진다.

을의 모습은 매우 아름답다. 낙상홍은 열매가 초겨울까지도 남아 있어서 배고픈 산새들의 먹이가 되어주는 고마운 나무이기도 하다.

청와대 경내에서 가장 아름다운 낙상홍은 수궁터와 녹지원 숲 경계에 매화나무와 함께 서 있다. 늦가을 청와대 경내의 운치를 한층 돋우는 대표적인 나무다. 꽃말은 '명랑', '지혜 깊은 애정' 등이다. 무너기로 달리는 빨간 열매의 느낌을 그대로 꽃말에 쓴 것 같다.

최근에는 일본 출신 낙상홍보다 열매가 더 굵고 풍성하게 달리는 미국낙상홍도 심고 있다. 열매는 핵과核果로서 단단하여 금방 떨어지거나 변색되지 않아 꽃꽂이 소재로도 사랑받는다.

산딸나무

Korean dogwood / 四照花

*　*　*

먹음직스런 딸기가 커다란 나무에 달리다

과명	학명
층층나무과	*Cornus kousa*

산딸나무는 중부 이남의 우리 산에서 만날 수 있는 토종 나무로,
깊은 숲속에다 터를 잡고 자란다. 늦봄이나 초여름에 커다랗고
새하얀 꽃이 층을 이루어 무리로 핀다. 갸름하고 끝이 뾰족한 네
장의 꽃잎이 마주 보며 붙어 있고 여러 가지 복잡한 색이 섞이지
않아 청순하고 깔끔한 느낌을 준다. 그런데 꽃잎처럼 보이는 것

수궁터에 김영삼 대통령이 1994년 기념식수한 산딸나무. 초여름이면 새하얀 꽃이 층을 이룬다.

십자가 모양을 닮은 산딸나무 꽃. 붉고 화려한 꽃산딸나무 꽃.

은 사실 꽃잎이 아니고 잎이 변한 꽃싸개[苞葉]다. 그 변장술이 놀랍다. 꽃이 지고 나면 굵은 구슬 크기의 동그란 열매가 긴 자루 끝에 달려 빨갛게 익는다. 표면을 자세히 보면 여러 개의 암술이 붙어서 만들어진 집합과集合果로서 거북등 같은 무늬가 있다. 우리가 먹는 딸기와 비슷한 모양새를 하고 있다.

속에는 쌀알 굵기만 한 작은 씨앗이 열매 크기에 따라 4~6개씩 들어 있고, 나머지는 육질이다. 과육이 부드럽고 약간 달짝지근하여 먹을 만하다. 모양새로나 먹는 맛으로나 딸기를 닮았다고 해서 산딸나무다. 이름이 비슷한 산딸기는 완전히 다른 나무로, 열매도 작은 알갱이가 알알이 모여 하나의 열매를 만드는 장과漿果다. 청와대에서는 수궁터와 경내 밖 백악정에서 각각 김영삼 대통령과 이명박 대통령이 기념식수한 산딸나무를 만날 수 있다. 헬기장 잔디밭 북서쪽에는 우리 산딸나무보다 열매가 두 배나 굵은 중국산딸나무가 자란다.

최근 미국 등에서 들여와 심는 꽃산딸나무도 있다. 여러 꽃색깔의 품종이 있으나 청와대 경내에는 자주색의 붉은 계열 꽃이 피는 꽃산딸나무가 여민관의 작은 정원에 심겨 있다. 아름다운 꽃을 감상하기 위하여 조경수로도 널리 심고 있으며, 이른 봄에 잎보다 먼저 꽃이 핀다. 우리 산딸나무와 마찬가지로 네 장의 꽃잎이 서로 마주 보고 있는 모습이 십자가를 연상케 한다. 꽃과 단풍의 아름다움 때문에 서양에서도 꽃산딸나무를 정원수로 널리 심는다.

기독교인들의 전설에 따르면 예수가 십자가에 못 박힐 때 쓰인 나무는 통칭 '도그우드Dogwood'라 불리는 산딸나무 종류였다고 한다. 이스라엘의 산딸나무는 지금보다 재질이 단단하고 컸으며, 당시에는 예루살렘 지역에서 가장 큰 나무였다고 한다. 그러나 예수가 십자가에 못 박힌 이후 다시는 이 나무로 십자가를 만들 수 없노록 하느님이 기를 작게 하고 가지도 비꼬이게 만들었다는 것이다. 또한 십자가에 못 박힐 때의 모습을 상징하는 十자 꽃잎을 만들었다고 한다. 꽃잎의 끝은 예수님 손바닥에 박힌 못처럼 색이 약간 바래고 흰 모습이다. 산딸나무의 꽃말은 '깊은 우정', '희생'이다.

칠엽수

Japanese horse chestnut / 七葉樹

* * *

잎이 일곱 개씩 달려서 칠엽수,
'마로니에'로 더 친숙해요

과명	학명
칠엽수과	*Aesculus turbinata*

칠엽수는 공원이나 가로수로 흔히 심는다. 긴 잎자루 끝에 일곱 개의 커다란 잎이 달리므로 칠엽수라고 한다. 가운데 잎이 가장 크고 옆으로 갈수록 점점 작아져서 전체적으로는 둥글게 보인다. 잎 하나의 길이가 한 뼘 반, 너비가 반 뼘이나 되며 가을에 노랗게 단풍이 든다. 늦봄에 커다란 원뿔 모양의 꽃차례가 나와

수궁터의 칠엽수. 마로니에란 이름으로 알려져 있지만 정확히는 일본칠엽수다.

칠엽수란 이름의 유래가 된 일곱 개의 커다란 잎. 가시가 무성한 가시칠엽수의 열매와 씨앗.

100~300개의 작고 흰 꽃이 모여 핀다. 가을에는 크기가 탁구공 만 한 열매가 달리는데, 이것이 셋으로 갈라져 한두 개의 흑갈색 둥근 씨가 나온다. 이 씨앗은 옛날부터 치질, 자궁 출혈 등을 치료하는 데 쓰였으며 최근에는 활용 범위가 더욱 넓어져서 동맥경화증, 종창腫脹 등의 치료와 예방에도 쓰인다.

　칠엽수에는 우리 주변에서 흔히 보는 일본칠엽수와 유럽에 널리 자라는 가시칠엽수가 있다. 프랑스 파리의 몽마르트르 언덕과 샹젤리제 거리의 가로수로 유명한 마로니에Marronnier가 바로 가시칠엽수다. 일본칠엽수는 잎 뒷면에 적갈색의 털이 있고 열매의 표면이 매끈하다. 반면에 가시칠엽수는 잎 뒷면에 털이 거의 없고 열매 표면에 성게처럼 가시가 숭숭 나 있다. 우리 주변의 나무들은 대부분 일본칠엽수이며 일제강점기에 들어와 널리 심고 있다. 그냥 '칠엽수'라고 하면 대부분 일본칠엽수를 가리킨다. 옛 일본인들은 씨앗을 한 달 정도 물에 담가두었다가 잿물에 삶아서 말린 뒤 가루를 내어 떡을 만들어 먹었다고 한다.

칠엽수와 가시칠엽수는 수만 리 떨어져 자란 나무지만 잎이나 꽃의 생김새는 거의 비슷하다. 다만 가시칠엽수는 열매껍질에 돌기가 가시처럼 발달해 있고, 칠엽수는 돌기의 흔적만 있어서 구분할 수 있다. 둘 다 씨앗은 색깔이나 모양새가 밤을 그대로 닮아서 영어 이름은 'Horse chestnut', 즉 '말 밤'이다. 밤과 비슷하게 생겨서 먹어도 될 것 같지만, 마취성분이 들어 있어서 먹으면 잠시 기절하거나 정신이 혼미해질 수도 있으므로 주의해야 한다.

칠엽수는 서울 동숭동의 옛 서울대 문리대 캠퍼스 자리, '마로니에공원'의 나무가 가장 오래되었다. 1928년 서울대가 자리를 잡을 때 일본에서 가져다 심었다고 하니 곧 100살을 바라본다. 마로니에공원은 엄밀히는 '칠엽수공원'이라고 해야 맞다. 가시칠엽수는 덕수궁 석조전 옆에 자라는 두 그루기 나이 약 100살로 우리나라에서 가장 오래된 나무다. 청와대 경내에는 가시칠엽수는 없고 일본칠엽수만 수궁터 의무실 앞의 큰 나무를 비롯하여 몇 그루가 자란다. 꽃말은 '낭만', '정열', '박애', '호사스러움' 등이다.

다래

Hardy kiwi / *藤梨, 獼猴桃*

* * *

'멀위랑 다래랑 먹고, 청산에 살어리랐다'

과명	학명
다래나무과	*Actinidia arguta*

늦여름의 산행에서 길게 늘어트린 덩굴나무에 달린 손가락 마디
만 한 초록색 열매를 만났다면 필경 다래일 터다. 다래는 다 익
어도 파랗다. 입에 넣어보면 달큼하다. '아! 달다!'라는 뜻으로
다래란 이름이 붙었다고 짐작한다. 덜 익은 목화의 달콤한 열매
를 다래라고 하는 것도 같은 이유에서다. 다래는 머루와 함께 숲

머루와 함께 대표적인 야생 과일인 다래. 수궁터에 있으며 개량종이다.

검은색 수술이 특징인 꽃(암꽃), 다 익어도 녹색인 달콤한 다래 열매.

이 우거진 깊은 산속에 자라는 야생 과일이다. 배고픔을 면하기 어려웠던 옛날의 먹거리 중 하나로 사랑을 받아왔다. 산짐승들의 훌륭한 먹이이기도 했다. 다래의 한자 이름인 등리藤梨는 '등나무와 비슷한 덩굴나무에 달린 배'라는 뜻이다. 중국 사람들은 나무는 '원숭이 등나무'라는 뜻으로 미후등獼猴藤, 열매는 '원숭이가 먹는 복숭아'라 하여 미후도獼猴桃라고도 한다. 이처럼 다래는 사람도 원숭이도 모두 좋아하는 과일이었다. 대부분의 열매는 처음에 녹색이다가 익으면 적赤, 흑黑, 황黃 등의 여러 색이 되지만 다래는 다 익어도 여전히 녹색이다.

"살어리 살어리랏다. 청산에 살어리랏다/ 멀위랑 다래랑 먹고, 청산에 살어리랏다. 얄리 얄리 얄랑셩 얄라리 얄라. …"라고 한 〈청산별곡靑山別曲〉처럼 청산이라면 어디서도 흔한 과일이었다. 길 가던 나그네나 나무꾼이 다래를 만나면 먼저 본 사람이 임자다. 재수가 트인 날이다. 암나무와 수나무가 따로 있어서 운 나쁘게 열매 없는 수다래를 만나기도 한다. 청와대와 가까운 창덕궁 후원에는 우리나라에서 가장 크고 오래된 다래가 자라고 있다. 나이 600살이 넘은 고목나무지만 아쉽게도 수나무다. 청와대 경내에선 수궁터 위쪽 잔디밭 끝에 다래가 받침목에 의지하여 덩굴을 뻗고 있다. 보통 다래보다 훨씬 굵은 열매가 먹음직스럽게 열린다. 야생 다래 그대로가 아니라 산림과학원에서 농가에 보급하기 위해 개량한 품종이다. 나무말은 '속 깊은 사랑'이다.

산에서 만나는 다래 종류에는 이외에도 개다래와 쥐다래가 있다. 둘 다 마치 백반병白斑病이 든 것처럼 흰 잎이 띄엄띄엄 섞여 있지만 쥐다래는 차츰 분홍색으로 변한다.

쉬나무

Korean evodia / 茱萸, 朝鮮吳茱萸

* * *

씨앗 기름으로 옛사람들의 밤을 밝혀주다

과명	학명
운향과	*Evodia daniellii*

쉬나무는 밤에 불을 켤 수 있는 기름을 내어주는 귀한 나무다.
키 10여 미터, 줄기 둘레가 한 아름에 이를 수 있는 쉬나무는 우
리나라 중부 이남의 마을 근처나 뒷산에서 흔히 만날 수 있는 나
무다. '주경야독晝耕夜讀'이란 말이 있는데, 밤에 책을 읽으려면
불을 밝힐 기름은 필수다. 하지만 석유가 들어오기 전, 등유는

여름이 되면 흰 꽃을 가득 피우는 수궁터 의무실 옆의 쉬나무. 열매를 맺지 않는 수나무다.

꿀이 많아 밀원으로 가치가 높은 꽃, 기름을 짜서 등유로 썼다는 씨앗.

동식물에서 얻을 수밖에 없었다. 옛사람들은 유채, 해바라기, 아주까리, 들깨를 비롯하여 목화 등 초본식물에서 흔히 등유를 얻었다. 그러나 곡물을 생산해야 할 경작지에 심어야 하는 단점이 있었다.

그래서 눈을 돌려 찾아낸 것이 산에서 흔히 자라는 쉬나무다. 초여름에 잔잔한 꽃들이 뭉쳐서 피고, 가을이 점점 깊어가는 10월경이면 꽃자리마다 콩알만 한 붉은색 열매가 헤아릴 수 없이 많이 매달린다. 열매를 수확하여 나뭇가지로 두들기면 쌀알굵기의 새까맣고 반질거리는 씨앗이 떨어진다. 쉬나무는 암수가다른 나무이니 암나무를 심어야만 열매를 얻을 수 있음은 물론이다. 열매 중 기름 성분이 40퍼센트나 되며, 또 이 기름의 불꽃이 맑고 밝으며 그을음이 적어서 책 읽는 공부방에서 인기가 높았다. 또 비상시 연락망인 봉수대烽燧臺에는 항상 불을 지필 수 있는 불씨를 가지고 있어야 했다. 서울 남산의 가장 높은 곳인 옛 봉수대 옆에는 지금도 쉬나무가 자라고 있어서 그 씨앗을 불씨로 준비하고 있었으리라 짐작할 수 있다. 그 외 남부 지방에서는 동백나무, 중부 지방에서는 때죽나무나 쪽동백나무에서 불을 밝힐 기름을 얻었다. 쉬나무 기름으로 호롱불을 켜고 밤을 밝히던 우리의 삶은 19세기 말 개화의 바람을 타고 석유와 전기가 들어오면서 비로소 바뀌었다.

쉬나무는 마을 뒷산은 물론 경복궁을 비롯한 조선의 어느 궁궐에서나 쉽게 만날 수 있다. 밤을 밝히는 등유로 쓰려고 가꾸었기 때문이다. 청와대 경내에선 수궁터와 소정원 사이, 수궁터 위쪽, 성곽로 동쪽 중턱 등에 큰 쉬나무가 자란다.

쉬나무란 이름은 수유茱萸나무에서 발음이 편한 쉬나무로 변한 것이다. 북한에서는 그대로 수유나무라고 쓴다. 아까시나무가 우리나라에 들어오기 전 쉬나무는 꽃이 대량으로 피므로 꿀을 따는 데 중요한 밀원식물이었다. 영어로는 'Bee tree[벌 나무]'라고도 한다. 목재는 무늬가 아름다워 각종 기구를 만드는 재료로 이용할 수 있다. 쉬나무의 나무말은 '신중함', '진중함' 등이다.

복자기

Three-flower maple / 三花槭

* * *

진짜 단풍보다 더 진한 붉은 단풍

과명	학명
단풍나무과	*Acer triflorum*

정식 명칭에 '단풍'이란 말이 들어가지 않아 잘 알려져 있지 않
지만, 복자기는 단풍나무 종류다. 중부 지방의 깊은 산에서 아름
드리로 크게 자란다. 복자기의 가을 단풍의 아름다움만큼은 우
리가 아는 진짜 단풍나무를 압도하고도 남는다. 단풍나무 종류
는 대부분 잎자루 하나에 잎이 하나씩 붙어 있는 홑잎이다. 하지

단풍도 곱지만 연한 황록색의 꽃도 일품인 수궁터의 복자기. 김영삼 대통령 기념식수다.

꽃자루에 황백색 털이 달린 꽃, 날개 접은 잠자리 모양의 열매.

만 복자기는 엄지손가락만 한 길쭉한 잎이 잎자루 하나에 세 개씩 붙어 있는 겹잎이다. 우리 주변의 평범한 단풍나무의 가계에서는 조금 벗어난 특별한 모양새를 갖고 있다. 잎의 크기도 단풍나무보다 작아 더 아기자기한 맛이 난다. 늦봄에 노란 꽃이 피고 나면 가을에 잠자리 날개처럼 생긴 열매 둘이 서로 마주 보면서 달린다. 단풍나무 종류는 제각기 날개열매[翅果]가 벌려진 각도가 다른데, 복자기는 40~80도쯤 된다.

무엇보다 보통 단풍나무와 차별화되는 점은 단풍의 색깔이다. 우리가 흔히 보는 단풍나무의 단풍이 붉은색 위주라면, 복자기는 단풍나무의 붉은색을 바탕으로 거기에 진한 주홍색을 보탰다. 나무말은 '약속', '행운'이다.

복자기는 지금은 평지에 정원수로 심지만 원래 자라던 곳은

빨갛게 물든
복자기 단풍.

높은 산이다. 우리가 흔히 말하는 '불타는 단풍'을 비롯하여 온
산에 붉은색이 가득하다는 뜻의 '만산홍엽滿山紅葉'에서 '홍엽'은
본래 복자기의 단풍을 일컫는다고 필자는 믿고 있다. 복자기는
단풍이 아름다울 뿐만 아니라 질 좋은 목재를 생산하므로 죽어
서는 가구재, 무늬합판 등 고급 쓰임으로 활용되는 중요한 나무
이기도 하다. 수궁터에는 두 그루의 복자기가 자라는데 한가운
데 나무는 김영삼 대통령이 1996년 기념식수한 나무나.

　　복자기와 아주 비슷한 나무 중에 복장나무가 있다. 복자기
는 잎의 아랫부분에 굵은 톱니가 2~4개 정도이고, 복장나무는
가장자리 전체에 잔 톱니가 이어져 있어서 쉽게 구별할 수 있다.
그러나 산에서 더 자주 만나는 것은 복자기다.

청와대 자리의 역사와 가치

홍순민
(명지대학교 기록정보과학전문대학원 초빙교수)

백악산 품속 경복궁

1392년 개경에서 고려를 무너뜨리고 조선을 개창한 태조 이성계는 급하고 강하게 천도를 추진하였다. 새 수도 후보지를 물색하다가 결국 한양漢陽으로 결정하였다. 태조는 몸소 1394년(태조 3) 8월 13일 무악毋岳을 둘러보러 왔다가 고려의 남경南京 행궁行宮 터를 들러 보았다. 대체로 좋다는 의견이 다수여서 그 일대를 새 도읍터로 내정하였다. 9월 1일에 새 도읍과 궁궐을 건설하는 일을 맡을 기구 신도궁궐조성도감新都宮闕造成都監을 설치하였고, 9월 9일에는 도감의 책임자들과 그 외에 당시 조정의 최고 실력자인 판문하부사 권중화와 판삼사사 정도전 등을 한양에 보내서 종묘, 사직, 궁궐, 관아, 시장, 도로의 터를 정하게 하였다.

산들은 나무줄기처럼 굵고 큰 데서 가늘고 작은 것으로 갈라져 나간다. 산줄기의 본종本宗, 말하자면 맏이에서 맏이로 이어지는 산줄기 대간大幹은 오직 하나 백두대간白頭大幹뿐이다. 백두대간은 백두산에서 시작하여 지리산으로 이어지는 산줄기다. 백두대간에서 갈라져 나온 그 다음으로 굵은 산줄기들을 정맥正脈이라 하는데 정맥들 가운데 한강 수계와 임진강 수계를 가르는 산줄기가 한북정맥漢北正脈이다. 한북정맥은 백두대간의 백빙산白氷山에서 갈라져 나와 북한산北漢山에서 일단 큰 흐름을 마무리한다.

북한산 열두 봉우리 가운데 가장 남쪽의 보현봉普賢峰에서 한 줄기가 남으로 갈라져 내려와 백악산白岳山, 북악산을 이룬다. 백악산은 한양을 직접 감싸고 있는 네 산의 맏이가 되는 산, 한양의 주산主山이다. 백악산에서 산줄기가 더 뻗어나가 동편에 타락산駝酪山/駝駱山, 駱駝山, 서편에 인왕산仁王山, 남쪽에 목멱산木覓山으로 솟았다. 위 네 산을 내사산內四山이라고 한다. 내사산은 조선시대 한성부의 터전을 직접 만들어주는 바탕이다. 임금은 남면南面한다는 관념에 맞추어 북으로 산을 등지고 남으로 물길을 끌어안는 자리, 이른바 배산임수背山臨水의 요건을 갖춘 자리에 궁궐을 비롯한 주요 시설물을 배치하였다.

1394년(태조 3) 9월 9일 권중화 등이 새 수도의 주요 시설물 터를 정할 때 고려 충숙왕忠肅王 당시에 지었던 궁궐 옛 터가 너무 좁다고 보고 그 남쪽의 땅을 궁궐 자리로 삼았다. 그곳의 해방亥方의 산을 주산으로 하는 터가 평탄하고 넉넉하며 넓게 트여 있고 여러 산줄기가 모여들어 인사를 하는 형국이어서 남면하는 형세에 적합하다고 보아 선택한 것이다. 그 터에 세운 궁궐이 경복궁이다.

경복궁에서 해방의 산을 주산으로 삼았다고 했을 때 해방이

도성도, 19세기 초, 종이에 채색, 129.5×103.5cm, 삼성미술관 리움 소장

란 북북서쪽을 가리킨다. 경복궁에서 볼 때 그 자리에 있는 산은
백악산이다. 경복궁은 태어날 때부터 백악산과 깊은 관계를 맺고
있다. 경복궁 뒤편 백악산 기슭은 다른 시설이 들어올 수 없는 경

복궁의 연장일 수밖에 없었다.

경무대라는 이름의 등장

임진왜란으로 경복궁이 파괴된 이후 그 자리는 빈터로 남아 있었
지만 뒤편은 여전히 국가가 관리하였다. 경복궁의 북문인 신무문
神武門 자리 서북편에 육상궁毓祥宮, 그 동편에 연호궁延祜宮 같은
후궁의 사당이 있었고, 연호궁 동편에 회맹단會盟壇, 그 동북에 제
성단祭星壇이 있었다. 육상궁 서북쪽 백악 기슭에는 안동 김씨가
등 민가가 있었고, 백악산 기슭에 대은암大隱巖이 있어 지표 노릇
을 하고 있었다.

경무대景武臺라는 지명은 경복궁 중건 공사가 한참 진행되던
1868년(고종 5) 9월 8일 공역을 담당하던 영건도감에서 신무문 바
깥쪽에 새로 지은 전각과 대臺의 이름을 지어 고종에게 보고를 올
릴 때 처음 등장한다. 남으로 너른 터를 내려다볼 수 있는 지대에
건물을 지었는데 융문당隆文堂, 융무당隆武堂이었고, 그 터 주위를
행각行閣으로 둘러쌌는데 경무대는 그 행각 안 일대를 가리키는
이름이었다.

융문당은 산기슭을 등지고 남향하고 있었고, 융무당은 융문
당의 동남쪽에서 서향을 하고 있었다. 그 앞에는 넓고 평평한 마
당이 있었다. 이 마당은 국가 왕실의 각종 의례와 과거를 비롯하
여 군대를 사열하는 열무閱武, 그 밖의 많은 사람이 모여 행사를

1910년 무렵의 경무대 일원. 왼쪽이 융문당, 오른쪽이 융무당이다.

치르는 다목적 공간이었다. 경무대는 동궐창덕궁과 창경궁로 말하자면 춘당대春塘臺와 같은 공간으로 융문당과 융무당은 동궐 후원의 영화당暎花堂과 같은 위상과 기능을 갖는 건물이었다. 고종은 이런저런 행사를 치르러 경무대에 자주 임어하였다.

조선총독 관저

일제는 1915년에서 1926년에 걸쳐 광화문 안, 근정전 앞에 조선총독부 청사를 지었다. 정면에서 보면 완벽하게 경복궁을 가리는 위치이고, 가리기에 충분한 너비와 높이를 가진 위압적인 건물이었다. 조선총독부는 경복궁으로 상징되는 조선과 대한제국의 국권을 부정하고 일제 권력이 주인임을 드러내는 상징 건물이었다. 그 뒤 일제는 1939년 경복궁 후원의 경무대 인근에 조선총독 관저를 지었다. 그 위치는 융문당이나 융무당보다는 서편 백악산에서 내려오는 등성이 위였다. 등성이에는 건물을 짓지 않는 조선의 질서를 거스르는 자리였다. 형태 역시 직선과 평면으로 이루어진, 백악산과 경복궁의 조화를 깨트리는 건물이었다.

청와대

1945년 일본이 물러가고 미국이 들어와 미군정이 시행되었다. 미군정은 일제 조선총독부를 청사로, 총독 관저를 미군사령관 겸 미군정청장관의 관저로 썼다. 1948년 미군정이 끝나고 제1공화국이 들어서자 초대 대통령 이승만은 조선총독부 청사였다가 미군정청 청사이 되었던 건물을 중앙청으로, 총독 관저에서 미군정청장관 관저가 된 건물을 그대로 관저이자 집무실로 썼다. 다만 그 이름을 경무대라 불렀다. 경무대는 이승만 정권을 대표하는 이름이 되었고, 독재 타도를 부르짖는 이들이 첫 번째로 꼽는 원망의 대상이 되었다.

4·19혁명으로 이승만이 하야하고 제2공화국이 들어서면서 대통령 윤보선은 1960년 12월 그 이름을 청와대靑瓦臺로 바꾸었다. 지붕이 청기와로 덮여 있었기에 붙은 이름이다. 청와대는 그

1962년의 청와대 옛 본관.

일대 전체의 이름인 동시에 대통령 집무실 겸 관저를 가리키는 이름이 되었다. 단순한 집무실이 아니라 막강한 권한을 갖는 국가 최고의 통치기구가 되었다.

자리의 역사와 가치

제13대 대통령 노태우는 옛 본관이 자리한 등성이 서편에 청와대 본관을 새로 짓고, 등성이 동편에는 관저를 지었다. 옛 본관, 즉 조선총독 관저는 1993년에 허물었고, 그 남쪽 현관 지붕에 있던 절병통만 남겨두었다. 옛 융문당 터 인근으로 짐작되는 자리에는 상춘재常春齋라는 건물이 들어섰다. 또 침류각枕流閣이라는 건물도 자리를 옮겨 세워져 있고, 오운정五雲亭이라는 정자 역시 위치와 모습이 크게 바뀐 상태로 있다. 옛날에 여덟 배미 논을 바라보는 자리에 지었던 경농재慶農齋 터에는 영빈관이 크게 들어서 있다. 동편에는 기자실로 춘추관春秋館이 있고, 그 사이 도로변에는 여민관與民館이라는 비서실 건물이 있다. 그 밖의 다리를 비롯해서 석물들이 있다.

청와대 경내에는 '문화재'라고 할 만한 것이 드물다. 대한제국 시기부터 관리가 제대로 이루어지지 않았고, 일제강점기 이후 변형과 훼손이 계속되었기 때문이다. 그렇다고 해서 청와대 자리가 가치 없는 공간이라고 할 수는 없다. 청와대 자리는 백악과 경복궁을 잇는 연결 고리요, 나아가 광화문앞길을 지나 숭례문을 나가 한강으로 이어지는 축의 초입이다. 이 축은 서울이라는 도시를 이해하는 데 중심이 되는 선으로서, 서울이라는 도시를 오랜 세월 우리나라의 왕도였던 역사 도시, 경제·외교·문화의 중심인 수도로서 격조 있는 도시로 가꾸고자 할 때 우선 고려하지 않을 수 없는 중요하고 소중한 대상이다. 청와대라는 건물은 남았으나 대통령 집무실과 관저가 떠난 터에 우선 이름부터 고쳐야 할 것이다. 그리고 그 자리를 어떻게 본연의 위상을 되새기면서 역사와 현실을 연결하여 볼 수 있는 모습으로 가꿀까 진중하고 깊이 뜻을 모으는 일이 우리 앞에 과제로 놓였다.

① 반송　　　　⑫ 금송
② 소나무　　　⑬ 두충
③ 은행나무　　⑭ 만병초
④ 산수국　　　⑮ 남천
⑤ 회화나무　　⑯ 루브라참나무
⑥ 낙엽송　　　⑰ 벚나무
⑦ 진달래　　　⑱ 용버들
⑧ 동백나무　　⑲ 물푸레나무
⑨ 철쭉　　　　⑳ 측백나무
⑩ 생강나무　　㉑ 라일락
⑪ 전나무

소나무
군락　종풍게나무

단풍나무　　모과
　　　　　　두

사철나무　취똥나무

계수
단풍

감나

스트로브잣
쉬나무
느티나무　　상수리나무
　　　　　칠엽수
섬괴불나무
　　　　　오갈피나
회양목　　　감나

영빈관
　　　　　　영산홍
　　　　　　회양목

서별관　　무궁화　반송
　　　　　　　　반송
　　　　가이즈카향나무(박정희)
　　　　　　　　조릿대
　　　　　　　㉑　회양목　경비단
　　　　　소나무　라일락

시화문
　　　　소나무　　　소나무　단풍나무
　　　　무궁화　소나무
　　　　(김대중)　소나무
　　　소나무　　　　가이즈카
영빈문　　　　　　　향나무
　　　　　　소나무　서양측백나무
　　　　　　　은행나무　향나무　충정관
　　　　　　　백목련　　　　낙우송

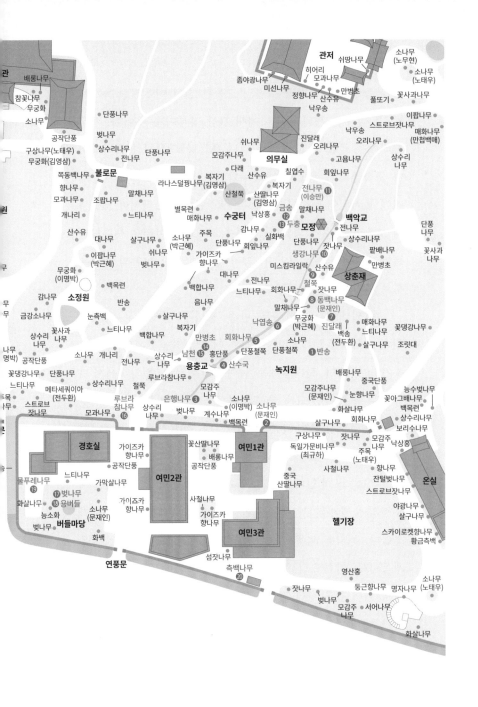

잘 다듬어진 잔디밭과 주변의 그윽한 숲이 어우러진 녹지원綠地園 일대는 청와대 경내에서 가장 아름다운 곳이다. 가장자리에는 글을 읊고 연회를 열던 융문당隆文堂과 무과시험이나 군사들의 훈련을 하던 융무당隆武堂이 있었으나 일제강점기에 철거되어 버렸다. 광복 후 1968년에 이르러서야 오늘날의 모습을 갖추게 되었다. 면적은 3300제곱미터로 축구장의 절반이 채 안 되는 크기다. 과거 청와대의 주요 야외 행사는 주로 여기에서 진행되었다.

이 일대에는 회화나무, 반송, 소나무, 말채나무 등 청와대의 고목나무들이 많이 자라며, 대통령 기념식수도 여러 그루가 남아 있다. 잔디밭에는 두 아름에 이르는, 청와대에서 가장 아름다운 반송 고목 한 그루가 중심을 잡고 옆에는 소나무 고목 네 그루가 모여 작은 숲을 만든다. 녹지원 서쪽 회화나무는 키 22미터, 거의 두 아름에 이르며 숲 안에도 회화나무 고목 두 그루가 더 있다. 녹지원 동쪽에는 기념식수로 문재인 대통령의 모감주나무, 서쪽 끝에는 이명박 대통령의 소나무가 자란다. 녹지원 서쪽은 북악산에서 발원한 물이 흐르는 작은 계곡이다. 아름드리 큰키나무들이 계곡을 메우고 작은 개울이 있어서 깊은 산골 같은 느낌의 숲이다. 키 20미터 전후의 전나무, 상수리나무, 백합나무 등의 큰 나무가 상층부를 만들고 중간키의 단풍나무와 벚나무가 어울리는데, 특히 단풍이 아름다운 나무가 많아 가을이면 절경을 이룬다. 모정(초가정자) 뒤의 전나무 한 그루는 이승만 대통령의 기념식수다.

녹지원의 북쪽 돌계단을 오르면 상춘재常春齋다. 전통한옥으로 외빈 접견 및 주요 행사가 이루어지던 곳이다. 기념식수로는 전두환 대통령의 백송, 문재인 대통령의 동백나무, 박근혜 대통령의 무궁화를 만날 수 있다. 이어서 키 16미터, 둘레 한 아름 반의 굵은 말채나무 고목이 눈길을 끈다.

청와대 정문 좌우로는 각각 11그루씩 총 22그루의 반송이 청와대로 들어오는 분들을 지켜주는 호위무사처럼 버티고 있다. 정문의 서쪽에는 대통령 경호를 지원하던 경비단 건물과 충정관이 있다. 동쪽에는 경호실, 그리고 세 개 동으로 구성되어 대통령 집무실과 비서실이 자리했던 여민관이 있다. 경호실 앞에는 자그마한 분수대를 중심으로 꾸며진 아담한 정원인 버들마당이 있는데, 가운데에는 그 이름의 유래인 둘레 한 아름이 넘는 용버들 고목 한 그루가 자리를 지키고 있다. 알려진 우리나라 용버들 중에는 가장 굵고 크다. 기념식수로는 여민1관 북쪽 문 앞과 버들마당에 문재인 대통령이 기념식수한 소나무가 자라며, 경호실 바로 뒤의 메타세쿼이아 고목도 전두환 대통령이 심은 것이다.

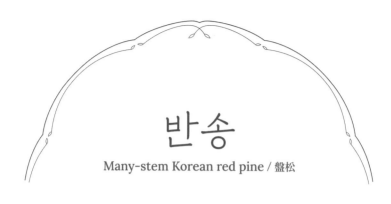

반송

Many-stem Korean red pine / 盤松

* * *

동그란 소반을 닮은, 선비의 뜰을 지키는 소나무

과명	학명
소나무과	*Pinus densiflora* *f. multicaulis*

반송은 소나무의 운치를 담고 있으면서도 부드럽고 아기자기한 맛이 있어 조선시대 선비들의 전통 정원에 즐겨 심는 나무였다. 영빈관, 본관 등 청와대의 주요 건물 주변에도 반송 한두 그루는 반드시 자리를 차지하고 있다. 특히 녹지원의 반송은 잘 가꾸어진 잔디밭을 앞에 두고 아름다운 자태를 뽐낸다. 청와대에서 가

크고 작은 행사가 개최되었던 녹지원 잔디밭 한쪽에서 자라는 반송. 녹지원의 상징이다.

이승만 대통령 때 좌우로 11그루씩 심은 반송이 청와대 정문을 지키는 호위병처럼 도열해 있다.

장 오래되고 아름다운 반송이며 청와대의 대표 나무로 사랑을 받는다. 이외에 청와대 정문 길 좌우에 11그루씩 서로 마주 보고 사열을 하듯이 서 있는 반송 22그루도 청와대를 대표하는 아름다운 나무다. 이승만 대통령 때 30여 살 된 큰 나무를 옮겨 심었다고 하며 2022년 현재 나이는 104살이다.

반송은 소나무의 한 종류지만 모양새가 다르다. 일반 소나무가 땅에서 외줄기가 올라와 높이 자라는 반면에 반송은 올라온 외줄기가 금방 여러 갈래로 갈라져 자라고, 전체적으로 가지가 고루 뻗어 둥그스름한 모양이 된다. 이것이 마치 둥근 밥상인 소반과 거의 모양이 같다 하여 소반 반盤을 써서 반송盤松이 되었다.

오늘날 서울 서대문구 현저동에는 외국 사신을 접대하던 모화관慕華館이 있었는데, 그 북쪽의 반송정盤松亭이 유명했다. 이곳의 큰 반송은 가지가 꼬불꼬불 서려서 그늘이 수십 보步 거리를 덮었다고 한다. 반송정이라는 이름은 일찍이 고려의 어느 임금이 남경으로 행차하다가 이 나무 아래서 비를 피하고 붙였다고 한다. 반송정은 귀한 손님을 맞이하거나 떠나보내는 환영과 환송의 장소로 유명했다. 그래서 선비들이 지은 '반송송객盤松送客' 시가 여럿 전하기도 한다.

2018년 4월 27일 판문점에서 열린 남북정상회담 때 두 정상이 기념식수한 나무도 반송이었다. 이 반송은 한국전쟁 휴전협정을 맺은 해인 1953년생이다. 지난 65년간 한반도의 아픔을 함께해 왔다는 의미를 지니면서, 동시에 과거의 상처를 치유하고 평화와 번영으로 가는 첫걸음을 상징한다고 한다. 또 반송은 가지가 수십수백 개로 갈라져 있지만 근본은 한 줄기이니, 남북이 본래는 하나라는 의미도 담고 있다. 앞으로 남북이 판문점에서 만나 수없이 이야기를 나누게 되기를 이 반송도 간절히 바라고 있을 터다. 반송의 나무말은 '화해'이며 그 외 '선비의 지조'라고도 한다.

소나무

Korean red pine / 松, 松木

* * *

모두가 좋아하는 우리나라 나무

과명	학명
소나무과	*Pinus densiflora*

우리나라 어디서나 고개를 들어 산을 볼 때 가장 먼저 눈에 띄는 나무는 소나무다. 겨울날 광화문에서 북악산을 올려다보면 가파른 경사지 곳곳을 조각보처럼 덮고 있는 것도 역시 소나무다. 겸재 정선의 그림에서도, 개화기의 사진에서도 북악산에는 소나무가 가장 많다. 화강암을 모암母巖으로 한 북악산은 흙이 쌓인 곳

2018년 식목일에 문재인 대통령이 여민1관 북쪽 문 앞에 심은 소나무.

은 굵은 모래, 속칭 마사토가 주성분이다. 소나무는 전문용어로 극양수極陽樹라고 한다. 햇빛을 좋아해도 너무 좋아하기 때문이다. 주위에 다른 나무가 자라 햇빛이 조금이라도 가려지면 삶을 이어가지 못할 정도다. 그래서 소나무가 먼저 찾는 곳은 다른 나무들이 꺼리는 메마른 땅이다. 햇빛만 풍족하면 척박한 땅과 건조함은 별로 개의치 않는다. 돌무더기나 바위틈에서도 자라는 강인한 생명력을 갖고 있다.

소나무와의 우리의 인연은 선조들이 한반도로 오면서부터 시작되었다. 주로 참나무로 이루어진 주변의 숲이 개간되면서 소나무는 점점 세력을 넓혀갔다. 직접 햇빛을 많이 받아야만 살아남는 소나무는 사람들이 개발을 위해 울창한 숲을 파괴하거나, 산불이 나 다른 나무가 다 타버려 공간이 생기는 것을 좋아한다. 인간들의 크고 작은 다툼과 전쟁으로 한반도의 숲이 파괴되면서 소나무는 반대로 자신의 터전을 더욱 넓힐 수 있었다. 오늘날 구릉지가 많은 서해안 일대에 동해안보다 소나무가 더 많은 것은 평양, 개성, 서울, 부여, 나주 등 고대 국가의 중심지가 대부분 한반도 서쪽이었던 것과도 관계가 깊다.

차츰 많아지던 한반도의 소나무가 최고의 나무로 자리를 잡은 것은 조선시대에 들어오면서부터다. 고려시대 이전에는 소나무가 지금처럼 많지 않았다. 최근의 각종 건설공사나 문화재 발

말바위 전망대 가는 길에서 만나는 구불구불한 자연생 소나무.

굴 현장에서 출토되는 나무를 분석하면 고려시대 이전에는 소나무의 비율이 4~6퍼센트에 불과한 경우가 많다.

북악산 자락인 청와대 경내에서도 가장 눈에 잘 띄는 나무는 역시 소나무다. 건물 주변이나 새로 조성한 정원에는 대부분 일부러 심었지만 숲으로 조금만 들어가면 자연적으로 자란 소나무들이 있다. 곳곳에 크고 작은 숲을 이루고 있는데, 말바위 전망대 부근의 소나무 숲이 구불구불한 자연생 소나무의 특징을 잘 볼 수 있는 대표적인 곳이다.

흔히 소나무를 적송松赤이라 부른다. 그러나 이 말은 소나

연한 황색의 수꽃, 자주색의 암꽃.

무의 일본 이름 '아카마쓰'의 한자 표기로서 일제강점기부터 쓰기 시작했다. 대한제국 융희 4년(1910), 농상공부대신 조중용이 농상공부 고시 9호로 '화한한명和韓漢名대조표'를 공시하였다. 이는 일본·한국·한자 나무 이름을 나열한 대비표로서 여기에 소나무를 적송이라 했다. 그러나 우리의 4대 역사서인《삼국사기》,《삼국유사》,《고려사》, 조선왕조실록은 물론《동국이상국집》을 비롯한 선비들의 시문집 등 일제강점기 이전의 우리 고문헌 어디에도 소나무를 적송이라고 한 적은 없다. 우리 선조들이 부르던 소나무의 한자 이름은 송松 혹은 송목松木이다.

청와대 정문을 들어서서 본관 대정원 잔디밭 입구에 서면, 좌우로 큰 키에 쭉쭉 뻗은 소나무 몇 그루가 금방 눈에 들어온다. 재질이 좋기로 널리 알려진 금강소나무다. 강릉−원주 간 고

대정원 동편의 금강소나무. 강릉-원주 간 고속도로를 만들 때 옮겨 와 심은 나무이다.

속도로를 만들 때 옮겨 온 나무들이다. 금강소나무는 백두대간 등줄기를 타고 금강산에서 울진, 봉화를 거쳐 다시 낙동정맥을 따라 영덕, 청송 일부에 걸쳐 자라는 소나무다. 금강소나무라는 이름은 금강산金剛山에서 유래했는데, 금강송金剛松 혹은 줄여서 강송剛松이라고도 한다. 우리 주위의 평범한 꼬불꼬불 소나무와는 달리 줄기가 곧바르고 마디가 길고 껍질이 유별나게 붉다. 눈이 많이 내리는 환경에 잘 버틸 수 있게 줄기는 곧고, 가지는 긴 원뿔 모양으로 나서 주변에서 흔히 보는 소나무와는 모양새가 확연히 다르다. 나무속을 보면 나이테가 좁고 균일하며 황적색의 심재心材가 많은 것이 특징이다. 그래서 다른 어떤 소나무 종류보다 품질이 좋은 최우량 소나무로 꼽는다. 조선시대 임금님의 관재로 귀하게 쓰였던 황장목도 대부분 금강소나무였다. 소나무의 나무말은 상상 속의 신선이 항상 소나무 아래에 있어서 '장수長壽', 늘 푸른 잎으로 상징되는 '정절', '의리' 등이며 그 외에 '연민', '동정', '치유' 등 여럿이다.

외국에서 들어온 소나무 종류로는 리기다소나무, 방크스소나무, 백송이 있다. 리기다소나무는 미국 동북부가 원산지이며 일제강점기인 20세기 초에 들여와 전국의 황폐한 산지에 널리 심기 시작했다. 메마르고 양분이 전혀 없는 땅에서도 비교적 잘 살아가기 때문이다. 움 돋는 힘이 강하여 잘리거나 일부가

줄기에서 돋는 리기다소나무의 잎, 굳게 닫혀 있는 방크스소나무 솔방울.

죽어도 다시 살아나는 성질이 있다. 리기다소나무는 영어 이름이 'Pitch pine[송진소나무]'인데, 우리나라에서는 힘들게 살다 보니 송진이 더 많아졌다. 별로 쓸모가 없어져 황무지 복구라는 임무를 다하고 우리나라 숲에서 차츰 사라져 가고 있다. 한 다발에 잎이 세 개씩 나고 굵은 줄기에도 여기저기 잎다발이 나오므로 멀리서도 금방 리기다소나무임을 알 수 있다.

방크스소나무는 캐나다와 미국 북동부에 걸친 넓은 지역에 자란다. 1924년부터 1936년 사이에 리기다소나무처럼 황폐한 산에 심으려는 목적으로 들여왔다. 기마로, 청와대 담장 바깥의 등산로에 여러 그루가 있다. 한 다발에 잎이 두 개씩 달리며, 잎의 길이가 2~4센티미터 정도에 불과하여 우리 소나무보다 훨씬 짧다. 무엇보다 독특한 것은 솔방울이다. 모양은 곡옥曲玉과 닮

전두환 대통령이 기념식수한 상춘재 마당 앞의 백송. 나무껍질은 아직 희기보다는 푸르다.

았는데 80여 개의 비늘조각[實片]으로 구성되며 수지樹脂로 강하게 접착되어 있다. 솔방울은 이런 모양으로 나무에 매달린 채 몇 년을 버티기도 하며, 땅에 떨어져서도 몇 년씩 그냥 비늘조각을 꽉 다물고 있다. 산불이 나면 수지가 녹아 솔방울이 벌어지고, 씨앗이 비로소 땅으로 떨어진다. 그러나 낮은 가지에 붙은 일부 솔방울은 30도 정도 기온에서도 벌어진다. 우리나라 여름 기온에서도 가능하다.

백송은 이름 그대로 하얀 껍질이 특징이다. 어릴 때는 줄기가 거의 푸른빛이지만 나이를 먹어가면서 흰빛이 차츰 섞이기 시작한다. 점점 흰 얼룩무늬가 많아지다가 나중에는 거의 하얗게 된다. 사람이 흰머리로 늙어가듯, 백송은 이렇게 하얀 껍질로 나잇값을 한다. 백송은 베이징을 비롯한 중국 중부와 서북부를 고향으로 하는 특별한 나무다. 예부터 궁궐이나 사원 및 묘지의 둘레나무로 흔히 심었다고 한다. 우리나라에는 오래전 중국을 왕래하던 사신들이 처음 가져다 심기 시작했다. 백송은 대통령 기념식수로도 인기가 있어서 전두환 대통령이 두 그루, 김영삼 대통령이 한 그루를 심었다. 그러나 지금은 전두환 대통령이 1983년 상춘재 앞마당에 심은 한 그루만 살아 있다.

은행나무

Maidenhair tree, Ginkgo / 銀杏, 公孫樹, 鴨脚樹

· · ·

공룡과 같은 시대에 살았던 살아 있는 화석나무

과명	학명
은행나무과	*Ginkgo biloba*

먼 산의 가을은 단풍나무로 찾아오고 우리 주변의 가을은 은행
나무로 찾아온다. 늦가을 은행나무 가로수가 샛노랗게 물들었을
때 바쁜 도시인들은 비로소 가을이 완연해졌음을 알아차린다.
노랗게 물든 잎을 일주일 만에 모두 떨어뜨리는 그 깔끔함에 사
람들은 은행나무의 '광팬'이 된다. 옥의 티라고 할까? 문제는 재

한 해를 마무리하고 노란 단풍이 들고 있는 녹지원 입구의 은행나무.

은행나무의 수꽃, 과육에서 고약한 냄새가 나는 열매.

래식 화장실보다 더 지독한 냄새를 풍기는 암나무의 열매다. 신발로 밟기라도 하면 냄새가 여기저기 쫓아다닌다. 암수가 명확한 나무이므로 심을 때 수나무를 골라 심으면 간단히 해결된다. 다만 지금까지 어린 나무의 암수를 가릴 수 있는 믿을 만한 방법이 없었다. 하지만 과학의 발전은 이런 문제도 해결한다. 최근 홍릉에 있는 국립산림과학원 연구팀은 잎 한 장으로 알 수 있는 은행나무 성감별 DNA 분석 기술을 개발하여 암나무를 가로수에서 퇴출시켰다.

가로수가 아닌 은행나무라면 마을 입구의 당산나무, 사찰이나 공자를 모시는 사당의 고목을 먼저 떠올린다. 전국에는 800여 그루의 은행나무 고목이 보호되고 있다. 양평 용문사 은행나무는 마의태자가 금강산으로 들어갈 때 꽂아둔 지팡이가 자랐다고 하니 1100살이 넘었다. 이외에도 세월의 길이만큼 수많은 이야기를 품고 있는 은행나무가 수두룩하다.

은행銀杏이란 이름은 씨가 살구[杏]처럼 생겼으나 은[銀]빛이 난다 하여 붙인 것이다. 때로는 열매가 거의 흰빛이므로 백과목白果木이라고도 하고, 심으면 열매가 손자 대에 가서나 열린다하여 공손수公孫樹, 잎이 오리발처럼 생겼다 하여 압각수鴨脚樹 등 여러 이름이 있다. 은행나무 잎은 부채꼴의 독특한 생김새다. 나무는 바늘잎나무와 넓은잎나무로 크게 나뉘는데, 은행나무는 아무리 봐도 넓은잎나무다. 그러나 바늘잎나무 무리에 넣는다. 은행나무는 겉씨식물로서 바늘잎나무와 아주 가까운 친척이기 때문이다. 또 은행나무를 이루고 있는 세포의 종류는 약 95퍼센트가 헛물관인데, 소나무나 향나무 같은 바늘잎나무도 헛물관이 차지하는 비율이 은행나무와 비슷하다. 그뿐만 아니라 세포 모양이나 배열도 바늘잎나무와 구별이 안 될 만큼 거의 그대로 닮았다.

은행나무는 약 2억 5000만 년 전, 인류는 아직 태어날 꿈도 꾸지 않았던 아스라이 먼 옛날 지구상에 터를 잡기 시작했다. 고생대 말 페름기에 출현해 공룡들이 살던 중생대에 번성했으며 신생대를 거쳐 현재까지 잘 살고 있는 것이다. 그동안 몇 번이나 덮친 혹독한 빙하기를 의연히 견디고 살아남은 은행나무를 우리

마의태자가 심었다는 전설이 전하는 천연기념물 제30호 양평 용문사 은행나무.

는 '살아 있는 화석'이라고 부른다. 형제들은 물론 가까운 친척들도 모두 없어져서 은행나무는 홀로 족보를 이어간다. 열매껍질에 지독한 냄새와 심지어 유독성분까지 넣어둔 덕분에 지금까지 살아남았다. 사람 이외의 어떤 동물도 감히 열매를 먹어치울 엄두를 못 낸다. 은행나무의 원산지는 중국 장강 하류에 있는 톈무산天目山 근처라고 하며 우리나라에는 불교가 전파될 무렵 함께 들어온 것으로 짐작한다.

은행나무는 흔하지만 대통령 기념식수는 많지 않다. 1991년 식목일 노태우 대통령이 관저 앞에 기념식수했다는 은행나무로 추정되는 나무가 살아 있으나, 표지석도 없어졌고 확인할 수 있는 자료도 없다. 2021년 문재인 대통령이 백악정 올라가는 길의 작은 쉼터에 심은 은행나무는 잘 자라고 있다. 청와대 경내에는 녹지원 입구에 은행나무가 있고, 경복궁 신무문 밖 청와대로를 따라 심긴 아름드리 은행나무도 청와대의 가을 정취를 살려준다. 나무말은 극락왕생을 빌어 죽은 이의 혼을 달래는 사찰에 많이 심었던 나무이기에 '진혼鎭魂', 흔히 천 년을 넘겨 사는 고목이기에 '장수長壽', '장엄함' 등이 있다.

산수국

Mountain hydrangea / 山繡毬

* * *

우리 산에 흔히 자라는 예쁜 우리 수국

과명	학명
수국과	*Hydrangea serrata* *f. acuminata*

날씨가 조금씩 더워지기 시작하면 화려한 봄꽃 잔치가 끝나고 숲은 녹색 천국으로 변한다. 꽃이 귀한 계절, 대체로 7월 초쯤 청와대 경내의 아늑하면서도 제대로 숲 맛이 나는 녹지원 숲속 산책로를 따라 띄엄띄엄 자그마한 꽃나무가 눈에 들어온다. 산에 주로 자라며 흔한 수국과 닮았다고 해서 이름이 산수국이다. 허

흙의 산도에 따라 꽃의 색깔이 달라지는 산수국. 녹지원 개울을 따라 여러 그루가 자란다.

커다란 꾸밈꽃과 자잘한 진짜 꽃으로 구성된 산수국 꽃, 꾸밈꽃만 있는 수국 꽃.

리춤 남짓한 키에 깻잎을 닮은 초록 잎을 바탕에 깔고, 화려하지는 않지만 정감 가는 작은 꽃들이 쟁반 모양으로 모여 핀다. 가까이 가서 꽃들을 들여다보면 가장자리를 유난히 큰 꽃 10여 개가 호위하고 있다. 안쪽으로는 자잘한 꽃 수십 개가 자리다툼을 하듯 옹기종기 모여 있다.

바깥쪽에 있는 큰 꽃들은 꽃받침만으로 이루어진 꾸밈꽃이며, 무성화 혹은 장식화라고 한다. 안쪽의 꽃들은 새끼손톱 크기도 채 안 되지만 암술과 수술을 모두 갖춘 양성화兩性花다. 안쪽 꽃들이 너무 작아 벌과 나비가 지나치기 쉽다고 눈에 잘 띄게 큰 꾸밈꽃을 만들었다. 벌과 나비들이 찾아오도록 유혹하는 꽃을 따로 배치한 것이다. 가운데의 진짜 꽃이나 바깥의 꾸밈꽃 모두 흙의 산도에 따라 색이 달라지는데 산성이면 파란색, 염기성이

온실 뒤 친환경시설 단지에서 자라는 나무수국.

면 붉은색이 된다. 꽃이 독특하고 아름다워 최근에는 조경수로도 흔히 심는다. 산수국의 꽃말은 '변덕'이다.

친환경시설 단지를 비롯한 경내의 곳곳에서는 산수국이나 수국과 닮은 나무수국을 만날 수 있다. 높이 2~5미터까지 자라므로 훨씬 나무처럼 생겼다고 하여 이름이 나무수국이다. 여름날 자잘한 꽃이 모여 커다란 원뿔 모양의 꽃 뭉치를 만들어 초가을까지 꽃이 핀다. 어릴 때의 나무수국은 자그마하며 곧바로 자라지 못하고 가지 끝이 옆으로 비스듬하게 다른 식물에 기대는 경우가 많아 때로는 덩굴식물처럼 보이기도 한다. 나무수국 중

수국과 마찬가지로 열매는 맺지 않고 꽃만 피우는 불두화.

에 꾸밈꽃만 자라도록 개량한 품종은 큰나무수국이라 하여 나무
수국보다 더 널리 심는다. 일본 원산으로 최근에 들여왔다.

　수국의 꽃은 주먹만 한 크기인데, 산수국 꽃처럼 작은 꽃은
보이지 않고 큰 꾸밈꽃들만 터질 듯 모여 핀다. 열매를 맺을 수
없는 헛꽃이다. 자신이 왜 꽃을 피워야 하는지도 잊어버린 수국
을 보고 있으면 마음이 짠하다. 사람들이 보기 좋으라고 인위적
으로 만든 원예품종이기 때문이다. 수국은 산수국과 마찬가지로
꽃잎의 색이 환경에 따라 변한다. 산수국이나 수국 둘 다 키 1미

터 정도까지 자라며 녹색을 띤 여러 개의 줄기가 올라와 포기를 이룬다. 겨울에는 끝부분이 죽어버리므로 나무가 아닌 풀처럼 보이지만 틀림없는 나무다.

식물학적으로는 과가 다를 정도로 별개의 나무지만, 흰 꽃이 뭉치로 모여 피는 꽃 모양이 수국과 닮은 불두화가 있다. 공 모양의 흰 꾸밈꽃 수십 개가 자리가 비좁아 터질 듯 촘촘히 피어 야구공만 한 꽃송이를 만든다. 꽃송이는 나발螺髮이라고 부르는 부처님의 곱슬머리 모양을 쏙 빼닮았다. 절에 많이 심으며 꽃이 피는 시기도 부처님오신날 전후다. 그래서 불두화佛頭花, 즉 부처님 머리 꽃이라는 분에 넘치는 이름까지 얻었다. 불두화는 친환경시설 단지에 자란다.

회화나무

Chinese scholar tree / 槐木, 槐花樹

* * *

임금님도 선비도 사랑한 품격 높은 나무

과명	학명
콩과	*Sophora japonica*

청와대 안에는 나이 많은 회화나무가 여러 그루 있다. 우리나라
에 자생하는 나무가 아니니 경복궁 후원이었던 조선 후기에 일
부러 심은 것이다. 녹지원 서쪽 가장자리에 자라는 아름드리 회
화나무가 가장 눈에 잘 띈다. 2022년을 기준으로 255살인데, 나
이에 걸맞게 사방으로 가지를 고루 뻗어 쉼터로서의 넉넉한 그

녹지원 잔디밭 옆의 회화나무 고목이 사방으로 가지를 뻗어 넓은 그늘을 만들어주고 있다.

나이 약 500살로 알려진 청와대 앞 무궁화동산 삼거리의 회화나무.

늘을 만들어준다. 여름날이면 연한 황백색 꽃이 바닥이 푹신해
질 정도로 떨어져 있는 모습이 이색적이다. 가까운 궁정동 안가
터인 무궁화동산 삼거리에도 나이 약 500살로 추정되는 회화나
무가 자란다.

　　회화나무는 삼국시대 이전에 중국에서 들어온 수입 나무다.
중국인들도 상서로운 나무로 생각하여 매우 귀히 여겼다. 주나
라 때 조정에 세 그루의 회화나무를 심고 우리나라의 삼정승에
해당되는 삼공三公이 마주 보고 앉아서 정사를 논했다고 한다.

천연기념물 제472호 창덕궁 회화나무군. 회화나무는 궁궐을 상징하는 나무로 심기곤 했다.

이처럼 회화나무는 권력과 가까이 있던 '실세 나무'로서 관리와 선비들이 즐겨 심었다. 우리나라의 왕궁에도 심었기에 창덕궁의 돈화문을 들어서면 왼편에 아름드리 회화나무를 실제로 만날 수 있다. 또 과거에 급제하면 공부하던 집의 마당에 회화나무를 심었다고 하며, 관리가 벼슬을 얻어 출세한 후 관직에서 퇴직할 때는 기념으로 회화나무를 심었다. 다른 이름은 학자수學者樹이고 영어 이름도 'Scholar tree[학자 나무]'다. 옛 선비들은 이사를 가면 먼저 마을 입구에다 회화나무를 심어 학문을 게을리하지 않는

연한 황백색의 꽃, 염주를 이어놓은 듯한 열매.

선비가 사는 곳임을 만천하에 알렸다. 이렇게 여러 이유로 궁궐은 물론 서원, 문묘, 이름난 양반 동네에서는 회화나무를 흔히 만날 수 있다. 아울러 제대로 된 선비라면 뒷산에는 쉬나무를 심어 열매로 기름을 짜서 호롱불을 밝히고 책 읽기에 열중했다. 옛 양반 마을 앞에 근사한 회화나무만 있고 뒷산에 쉬나무가 보이지 않는다면, 공부하지 않는 겉멋만 든 게으른 선비가 살았다고 봐도 좋을 것 같다.

중국에서는 회화나무를 한자로는 괴槐 혹은 괴수槐樹라고 쓰며 그 꽃은 괴화槐花라고 한다. 괴화의 중국어 발음 화이화 huihu가 변하여 회화나무가 된 것으로 짐작한다. 회나무, 홰나무라고도 하는데 역시 槐의 중국어 발음 화이hui에서 온 것으로 추정한다. 그러나 느티나무도 괴목이라 하므로 옛 문헌에서는 앞

뒤 관계로 판단하는 수밖에 없다. 중국에서는 회화나무를 문 앞에 심어두면 잡귀신의 접근을 막아 집안의 안녕을 가져온다고 믿는다. 꽃을 솥에 달여 나오는 루틴rutin의 노란 색소로 물을 들인 한지에 부적을 쓰면 효험이 좋다고도 알려져 있다.

회화나무는 전국 어디에나 자라는 잎지는 큰키나무로 둘레 두세 아름, 키가 수십 미터에 이른다. 옛사람들은 회화나무의 줄기가 구불구불 자라는 경우가 많으므로 삼씨와 함께 뿌려 묘목을 키웠다고 한다. 2~3년 반복하여 이렇게 삼과 경쟁을 시키면 회화나무도 곧은 묘목이 된다고 한다. 어린 가지는 잎 색깔과 같은 녹색이 특징이며 나이를 먹으면 나무껍질은 세로로 깊게 갈라진다. 잎이 아까시나무와 닮아서 헷갈리기 쉽고 식물학적으로도 같은 콩과 집안이다. 다만 아까시나무는 잎끝이 둥그스름한 반면 회화나무는 점점 좁아져서 뾰족해지는 것이 차이점이다.

꽃은 가지의 끝에 여러 개의 원뿔 모양 꽃대에 복합하여 달리며 여름에 연한 황백색의 꽃이 핀다. 그리고 곧 염주를 몇 개씩 이은 것 같은 열매가 달린다. 콩과임을 나타내는 열매로 다른 나무에서 볼 수 없는 독특한 특징이다. 나무말은 '품위', '은밀한 사랑', '모정慕情' 등이다.

낙엽송

Dahurian larch / 落葉松

* * *

바늘잎나무지만 가을에는 노랗게 단풍이 들어요

과명	학명
소나무과	*Larix kaempferi*

낙엽송落葉松은 백두산 원시림에 자라는 우리 낙엽송과 일본
에서 수입해 온 일본낙엽송이 있다. 국가표준명은 우리 낙엽송
이 잎갈나무, 일본 낙엽송이 일본잎갈나무다. 대개 낙엽송이라
하면 일본잎갈나무를 일컫지만 둘을 합쳐서 낙엽송이라고 할 때
도 많아서 혼란스럽다. 일본잎갈나무는 줄기가 곧바르고 숲을

늦가을 홀로 노랗게 물들어 더욱 돋보이는 녹지원의 낙엽송. 정확히는 일본잎갈나무다.

새잎과 함께 피는 암꽃, 밝은 갈색으로 익는 작은 솔방울.

이루어 빨리 자라므로 1960~1970년대에 산림녹화의 일환으로 나무 심기가 한창일 때 1순위로 권장되었다. 우리 잎갈나무는 이질가목伊叱可木, 익가목益佳木 등의 이름으로 우리 옛 문헌에 흔히 나오며 백두산과 개마고원의 원시림을 이루는 대표적인 나무 중 하나다. 《지봉유설》의 〈화훼부〉에 '갑산의 객사客舍는 이 나무로 기둥을 했는데, 주춧돌을 쓰지 않았어도 100년이 지나도록 새것과 같이 견고하고 오래간다'라고 했다. 그러나 남북이 분단되어 종자를 확보하기 어려웠기에 일본잎갈나무의 종자를 가져다 심었다. 그래서 가을날 우리 산에서 노란 단풍이 무리 지어 있는 숲은 대부분 이때 심은 일본잎갈나무 숲이다.

녹지원 서쪽 길섶에서 가을이면 혼자 노란 단풍이 들어 있는 껑충한 낙엽송도 일본잎갈나무다. 1959년 식목일에 이승만 대통령이 "경무대 경찰서원과 함께 관저 주변에 소나무, 잣나무 낙엽송 등 6천여 주를 식목하였다"라는 기록이 있다. 키 18미터, 둘레 한 아름에 이르는 이 낙엽송은 그때 심은 나무일 가능성도 높다.

잎갈나무와 일본잎갈나무는 생김새가 거의 비슷한데 솔방울의 비늘 끝이 곧바르고 비늘의 숫자가 20~40개이면 잎갈나무, 비늘 끝이 뒤로 젖혀지고 비늘이 50개 이상이면 일본잎갈나무다. 글로야 이렇게 쉽게 설명하지만 실제로는 거의 구별하기 어렵다.

잎갈나무나 일본잎갈나무는 줄기가 곧고 재질이 단단하여 한때 건축재, 갱목 등으로 널리 쓰였다. 그러나 질긴 성질이 좀 떨어지고 판자로 켜면 표면에 거스러미가 잘 일어난다. 그래서 판자를 그대로 내장재로 쓰기는 힘들다. 또 같은 나이테 안에서도 봄에 자란 목질은 너무 무르고 여름에 자란 목질은 너무 단단하여 재질이 균일하지 않은 것도 큰 단점이다. 이래저래 쓰임새에 제약이 많아 거의 심지 않으나, 최근에는 야외 목재 데크deck용으로 수요가 늘고 있다. 북한에서는 잎갈나무를 이깔나무라 부르며 일본잎갈나무는 창성이깔나무라고 한다. 낙엽송의 나무말은 '호방함', '대담함', '용감함', '방약무인' 등인데 숲을 이루어 곧게 자라는 나무의 특성에 맞는다.

진달래

Korean rhododendron / 杜鵑花

* * *

배고픔을 달래주던 추억의 진달래 꽃

과명	학명
진달래과	*Rhododendron mucronulatum*

진달래는 봄이 왔음을 알려주는 대표적인 꽃이다. 산등성이를 타고 따뜻한 바람이 불어오면 잎보다 먼저 연분홍 진달래 꽃이 무리 지어 핀다. 진달래의 선조들은 생존경쟁에서 밀려 비옥하고 아늑한 땅은 다른 나무에게 빼앗기고 척박한 산꼭대기로 쫓겨났다. 바위가 부스러져 갓 만들어진 흙이라 수분이 부족하고

상춘재 앞마당에서 활짝 꽃을 피운 진달래.

끝이 뾰족한 잎, 잎이 나기 전 2~5개씩 모여 피는 꽃.

대부분의 식물들이 싫어하는 메마른 산성酸性 땅이다. 이런 곳
은 경쟁자가 많지 않긴 하나 살아가기에는 힘든 곳일 수밖에 없
다. 그래도 진달래는 강인한 생명력으로 이웃과 사이좋게 오순
도순 모여 그들만의 왕국을 만든다. 특히 우리나라 진달래는 이
웃 중국이나 일본의 진달래보다 꽃이 곱고 한 번에 꽃도 많이 핀
다고 알려져 있다. 품종 개량이라는 이름의 성형수술을 받지 않
아도 충분히 예쁜 자연 미인이다. 숲이 우거지면서 진달래의 영
토가 차츰 줄어드는 것이 안타까울 따름이다.

　우리 옛 문헌에 나오는 진달래는 두견화杜鵑花로 기록되어
있다. 중국 이름을 그대로 받아들인 것인데, 이 이름에는 이런
전설이 있다. 촉나라 임금 두우는 홍수에 떠내려오면서 거의 죽
음에 이른 별령을 건져 목숨을 살려낸다. 이후 신하로 삼아 중용

여주 세종대왕 영릉 숲속에서 무리 지어 핀 진달래 꽃.

하였으나 오히려 왕위를 빼앗기고 추방당한다. 억울하고 원통함
을 참을 수 없었던 임금은 죽어서 두견새가 되어 촉나라 땅을 돌
아다니며 목구멍에 피가 나도록 울어댔다. 그 피가 나뭇가지 위
에 떨어져 핀 꽃이 두견화란 것이다. 우리나라에서는 계모의 구
박에 못 이겨 죽은 어린 여자아이의 혼이 꽃으로 피어난 것이라
는 슬픈 전설도 있다.

음력 3월 3일인 삼짇날에는 제비가 돌아오는 날이라 하여
봄을 맞는 마음으로 찹쌀가루에 진달래 꽃잎을 얹은 부침개인

제주도가 고향인
참꽃나무가
본관 앞 화단에서
꽃을 피웠다.

진달래 꽃전[花煎]을 부쳐 먹는 풍습이 있었다. 진달래 꽃잎에 녹
말가루를 씌워 오미자즙에 띄운 진달래 화채 역시 삼짇날의 계
절 음식이다. 청와대 경내에는 상춘재, 침류각을 비롯하여 북악
산까지 곳곳에 진달래가 있다. 꽃말은 '청렴함', '절제' 등이다.

　　남부 지방에서는 진달래보다 참꽃이라는 이름이 더 널리 쓰
인다. 진달래가 필 즈음은 대체로 먹을 양식이 떨어져 배고픔이

일상일 때다. 배를 주린 아이들은 진달래 꽃잎을 따 먹으며 허기를 달랬다. 먹을 수 있는 진짜 꽃이라는 의미로 '참꽃'이라 불렀던 것이다.

그런데 참꽃나무란 이름의 별개의 나무가 제주도에 자란다. 진달래보다 꽃이 크고 더 높이 자라는데, 잎은 갸름한 진달래 잎과는 달리 마름모꼴 혹은 동그란 모양이다. 추위를 싫어하는 제주도의 참꽃나무가 희한하게도 청와대 본관 입구 동편의 화단에 자라고 있다. 언제 어떻게 심은 것인지는 알려져 있지 않으나 자리가 양지바른 정남향이고 건물들이 바람을 막아줘서 서울의 겨울바람을 이겨내는 것 같다. 3월 말에 피는 진달래와 달리 이곳 참꽃나무는 5월 초순이 되어야 비로소 꽃이 핀다. 진달래와 헷갈리기 쉬운 철쭉, 산철쭉, 영산홍은 대체로 4월 말이나 5월 초순경 잎이 남과 거의 동시에 꽃이 핀다.

동백나무

Common camellia / 山茶, 冬柏

* * *

수많은 사랑의 사연을 간직한 겨울 꽃나무

과명	학명
차나무과	*Camellia japonica*

동백꽃은 찬바람이 휘몰아치는 겨울에 하나둘씩 피기 시작하여
봄 끝자락에 이르도록 이어진다. 왜 하필이면 한겨울에 꽃을 피
울까? 모두 겨울잠을 자는 동안 넉넉하게 후손을 퍼뜨리겠다는
전략이다. 문제는 벌도 나비도 없는 겨울날의 꽃가루받이인데,
이 숙제는 동박새와 전략적인 제휴를 맺어 해결했다. 동백꽃은

2019년 식목일을 맞아 문재인 대통령이 심은 상춘재 앞의 동백나무.

붉은 동백꽃, 고급 머릿기름을 얻을 수 있는 열매.

꽃통의 맨 아래에 꿀 창고를 배치하고 동박새를 초청한다. 꿀은 마음대로 가져가도 좋으니 깃털과 부리에 꽃밥을 잔뜩 묻혀 여기저기 옮겨달라는 주문이다. 세상에 공짜는 없다. 동박새가 추운 겨울을 나려면 열량 높은 동백 꿀이 반드시 필요하다. 동백꽃의 진하고 붉은 꽃잎에도 숨은 뜻이 있다. 새는 붉은색에 특히 민감하기 때문에 새가 꽃을 쉽게 찾아오도록 배려한 것이다. 동백꽃은 상생의 대표적인 모델이라 하겠다.

꽃이 지는 모습은 식물마다 각양각색이다. 벚나무처럼 꽃잎 한 장 한 장이 바람에 날아가는 깔끔한 꽃이 있는가 하면, 장미처럼 피어날 때는 화려하지만 질 때쯤이면 꽃잎이 모두 시들어 후줄근해지는 꽃도 있다. 그러나 동백꽃은 피었다가 질 때까지 빨간 꽃잎을 고스란히 간직하고 있다가 꽃 전체가 통째로 톡

동박새는 동백꽃의 꿀을 먹으며
꽃가루받이를 한다.

떨어진다. 그 모습을 보고 사람들은 사랑을 이루지 못한 비련의
여인에 비유했다. 동양의 꽃인 동백꽃은 서양에 건너가서도 비
련의 여인 이미지를 이어갔다. 동백꽃은 프랑스 소설가 뒤마가
1848년에 발표한 소설《동백꽃 부인[La Dame aux camlias, Lady of the
Camellias]》의 주인공이 되었다. 창녀인 여주인공 마르그리트 고
티에가 동백꽃을 매개로 순진한 청년 아르망 뒤발과 순수한 사
랑에 빠진다는 줄거리다.

　　동백나무는 따뜻한 기후를 좋아한다. 본래 동백나무가 자
연 상태에서 자랄 수 있는 북방 한계선은 육지에서는 서해안의

붉은 꽃이 송이째 수없이 떨어진 강진 백련사 동백나무 숲. 천연기념물 제151호이다.

충남 서천과 동해안의 울산이고, 섬 지방은 대청도와 울릉도까지다. 그러나 기후변화는 동백나무의 자람터에 큰 변화를 가져왔다. 서천에서 거의 160킬로미터를 더 올라온 청와대 경내에도 동백나무를 심을 수 있게 된 것이다. 문재인 대통령 내외는 녹지원 상춘재 앞에 2019년 식목일을 맞아 동백나무 한 그루를 기념 식수했다. 물론 겨울이면 둘레에 바람막이를 쳐주는 등 약간의 조치는 필요할 터다.

　광양 옥룡사, 고창 선운사, 강진 백련사 등 남도의 절 주변에는 유난히 동백나무 숲이 많다. 수도하는 스님과 어울리지 않을 것 같은 사찰의 동백나무 숲은 인위적으로 만든 숲이다. 이유가 있다. 첫 번째는 산불 때문이다. 두껍고 반질반질한 동백나무 잎사귀는 불에 잘 타지 않는다. 산불이 절로 옮겨붙는 일을 막는 방화수防火樹로서의 역할을 충분히 할 수 있다. 또 꽃이 지고 나면 밤톨 굵기의 열매가 달리는데, 익은 씨앗에서 동백기름을 얻을 수 있다. 밤에 불을 밝히는 등유가 되고 고급 머릿기름이 된다. 옛 여인들의 삼단 같은 머릿결에 윤기를 내고 단정히 하는데 필수품이었다. 내다 팔면 절의 재정에 도움을 주며 관에서 요구하는 기름 공출을 댈 수 있었다. 동백나무의 꽃말은 '절제된 훌륭함', '숨길 수 없는 우아함', '겸허한 미덕'이다.

여수 오동도, 서천의 마량리, 보길도의 윤선도 유적지 등은 널리 알려진 대표적인 동백나무 숲이다. 꼭 이런 이름 있는 곳이 아니라도 좋다. 서남해안 지방은 물론 섬 지방 어디를 찾아가더라도 겨울 동백꽃이 반갑게 맞아준다. 꽃이 필 때만이 아니라 질 때의 모습도 장관이다. 동백꽃이 하나둘 떨어지면, 맨발로 사뿐사뿐 걸어가고 싶을 만큼 보드라운 붉은 카펫이 깔린다. 우리의 토종 동백꽃은 모두 붉은 홑꽃잎으로 이루어져 있다. 돌연변이를 일으킨 분홍동백과 흰동백은 아주 드물게 만날 수 있을 따름이다. 겹꽃잎에다 여러 가지 색깔을 갖는 동백을 널리 심고 있지만, 이는 일본인들이 만든 원예품종이 대부분이다.

철쭉

Royal azalea / 躑躅

* * *

유독성분이 있는 나무, 양들은 먼저 알고 먹지 않아요

과명	학명
진달래과	*Rhododendron schlippenbachii*

철쭉은 산기슭의 큰 나무 그늘부터 바람이 쌩쌩 부는 높은 산의 꼭대기까지 어디에서나 잘 살아갈 정도로 생명력이 강하다. 자그마한 나무이며 무리로 자라는 경우가 많다. 꽃은 5월 중하순 새 가지의 끝에 몇 개씩 모여 달리고 너무 연한 분홍빛이어서 오히려 흰색으로 보일 정도다. 철쭉을 비롯한 산철쭉, 영산

상춘재 옆의 숲에서 자라는 철쭉.

홍 등 철쭉 종류에는 마비를 일으키는 유독성분인 그라야노톡신 grayanotoxin이 들어 있다. 신비로운 것은 양들은 이를 미리 알고 있었다는 사실이다. 철쭉은 한자로 머뭇거릴 척躑 자에 머뭇거릴 촉躅 자를 쓰는데 양이 먹지 않고 망설이거나, 혹시 먹었다면 비틀거리다가 죽어버릴 수도 있다는 뜻으로 해석된다. 처음에는 양척촉으로 불렀는데 훗날 앞의 양이 떨어져 버리고 척촉이 되었다고 한다. 철쭉이란 우리말 이름도 척촉에서 유래되었다. 꽃말은 '첫사랑', '사랑의 기쁨', '신중함', '자제심' 등이다.

산철쭉은 철쭉과 이름이 비슷하지만 종이 다른 나무다. 철쭉과 산철쭉은 잎과 꽃이 거의 동시에 피어난다. 철쭉은 작은 주걱처럼 생긴 갸름하고 매끈한 잎이 다섯 장씩 가지 끝에 빙 둘러가면서 붙어 있다. 넓은 깔때기 모양의 꽃은 꽃잎이 옅은 분홍빛이다. 반면에 산철쭉은 잎이 좁고 새끼손가락 길이 정도이며 철쭉보다 훨씬 날렵하다. 꽃은 분홍 바탕이기는 하나 붉은빛이 많이 들어가 있다. 철쭉과 생태는 비슷하나 산철쭉 꽃이 더 아름다워 예부터 정원수로 많이 심었으며 수많은 원예품종이 있다.

산철쭉과 거의 비슷한 종류에 영산홍映山紅이 있다. 일본 산철쭉을 기본종으로 개량한 원예품종 전체를 일컫는다. 자산홍 등 수많은 품종이 있으나 서로 교배하고 육종한 것이 수백 종이 넘어 일일이 특징을 말하기도 어렵고 너무 복잡하여 다 알 수도

1. 연분홍색의 철쭉 꽃
2. 수술이 열 개 전후인 산철쭉 꽃
3. 수술이 다섯 개 전후인 영산홍 꽃
4. 흰 산철쭉 꽃
5. 구봉화라고도 부르는 황철쭉 꽃
6. 단풍철쭉의 흰 꽃

없다. 영산홍은 세종 때 일본이 조공으로 바치면서 처음 들어왔으며 조선 중·후기에는 선비들도 즐기는 꽃으로 널리 퍼졌다. 그러나 영산홍이 본격적으로 우리나라에 들어온 것은 일제강점기와 광복 이후다. 지금은 각종 정원수 중 가장 많이 심고 있다.

　청와대 경내 곳곳에는 산철쭉과 영산홍이 섞여 자라고 있

수궁터 잔디밭 가운데로 난 산책길. 다양한 색으로 피는 산철쭉 꽃 사이에 영산홍 꽃도 섞여 있다.

다. 황철쭉은 노란 꽃이 피는 철쭉 종류이며 주황색 꽃을 비롯한 몇 가지 품종이 있다. 꽃이 아홉 송이씩 모여 피어서 구봉화라고 도 한다. 그 외 봄날 종 모양의 하얀 꽃이 잎과 함께 피며 가을에 선명한 붉은 단풍이 드는 단풍철쭉이 있다. 모두 청와대 경내에 서 만날 수 있다.

생강나무

Blunt-lobe spicebush / 黃梅木

* * *

상큼한 생강 냄새로 봄을 깨우다

과명	학명
녹나무과	*Lindera obtusiloba*

한약에는 감초가 들어가야 하는 것처럼 우리의 전통 요리에 생강이 빠지면 맛이 제대로 나지 않는다. 생강나무는 잎에서 생강 냄새가 나는 나무다. 이 나무는 기껏 자라야 키 4~6미터에 둘레는 팔뚝 굵기가 고작이다. 그러나 앙상한 겨울나무의 가지가 아직 일어날 낌새도 보이지 않는 이른 봄, 깊숙한 숲속에서 제일

숲속에서 가장 먼저 꽃을 피우는 생강나무가 상춘재 옆에서 꽃망울을 터뜨렸다.

작은 꽃 여러 개가 모여 송이를 이루는 노란 꽃, 새까맣게 익은 열매.

먼저 샛노란 꽃을 피워 아직 깨지 않은 다른 나무들의 정신을 번쩍 나게 만든다. 인가 근처에서는 산수유, 숲속에서는 생강나무가 가장 빨리 꽃을 피운다. 회갈색의 나뭇가지에 잎도 나기 전에 자그마한 꽃들이 점점이 꽃망울을 터뜨리는 모양은 소박하면서도 화사하다.

꽃이 지고 새싹이 돋아날 때 이를 조심스럽게 따다 모으면 바로 작설차의 재료가 된다. 차나무가 자라지 않는 추운 지방에서는 차의 대용으로 사랑받았으며, 차茶문화가 낯선 서민들은 향긋한 생강 냄새가 일품인 산나물로서 즐겨 먹었다. 꽃이 진 자리에는 콩알 굵기의 동그란 열매가 달린다. 처음엔 초록색이었다가 가을이면 까맣게 익는다. 옛 여인들이 쓰던 머릿기름이 이 열매의 씨앗에서 나온다. 남쪽 해안 지방에 자라는 동백나무에

갓 돋아난 생강나무 새잎.

서 얻는 진짜 동백기름은 풍물 장수한테 돈 주고 사야만 하니 양
반집 귀부인들이 아니면 쓸 수 없었다. 평범한 내륙 지방의 아낙
들은 생강나무 기름으로 대신했다. 그래서 강원도 등 일부 지방
에서는 개동백나무 혹은 동박나무라고 한다. 김유정의 단편소설
〈동백꽃〉이나 〈정선아리랑〉의 가사에 나오는 '동박'은 모두 생강
나무다.

　생강나무는 전국 어디서나 자라며 거의 손바닥만 한 큰 잎
은 계란 모양으로 윗부분이 3~5갈래로 얕게 갈라진다. 경쟁이
심한 숲에서 키가 작은 생강나무가 살아남는 나름의 방법은 잎
을 크게 만들어 햇빛이 잠깐씩 들어올 때 얼른 광합성을 마치는
것이다. 생강나무 잎의 설계는 그런 면에서 효과적이다. 꽃말은
'영원한 당신의 것', '수줍음', '매혹' 등이다.

전나무

Needle fir / 檜, 杉, 樅木

* * *

곧고 높게 자라 푸르른 기상을 뽐내다

과명	학명
소나무과	*Abies holophylla*

전나무는 하늘을 찌를 듯 쭉쭉 뻗어 자라며, 끝없이 펼쳐져 숲을
이루는 경우가 많다. 백두산 일대에 전나무와 가문비나무, 잎갈
나무와 함께 이루는 원시림은 흔히 '나무바다[樹海]'라고 부른다.
열대 지방의 넓은잎나무 숲과는 달리 전나무를 비롯한 바늘잎나
무로 이루어진 한대 지방의 숲은 더욱 정돈된 느낌으로 단아하

녹지원 숲속의 여러 나무 중 가장 높고 곧은 전나무. 이승만 대통령이 1960년 기념식수했다.

고 깔끔하다. 전나무는 주로 추운 지방에 자라 수관樹冠이 작으며 곧고 긴 줄기를 한껏 뽐낸다. 전나무는 동장군이 기승을 부리는 땅에 자라지만 적응력이 높아 중부 지방을 거쳐 남쪽으로도 거의 한반도 끝까지 내려온다.

전나무 하면 오대산 월정사가 먼저 떠오른다. 월정사 입구의 양옆에는 아름드리 전나무들이 사열하듯 푸르른 기상을 뽐내며 서 있다. 수직으로 쭉쭉 뻗은 1700여 그루가 지나온 세월의 흔적을 고이 품고 숲을 이룬다. 지금은 터만 남았지만 경기 양주 회암사는 조선 초기까지만 해도 전국에서 규모가 가장 큰 절이었는데, 주변 바위 사이사이에 전나무가 많아 회암檜巖이란 이름이 붙었던 듯하다. 여기서 남쪽으로 조금 내려가면 국립수목원이 있는 경기도 광릉이다. 오늘날도 아름드리 전나무 숲을 만날 수 있는 곳이다. 그 외 금강산 장안사를 비롯하여 전북 부안 내소사, 경북 청도 운문사 등 이름 있는 큰 절의 입구에는 흔히 전나무가 자란다.

이렇게 전나무를 주로 사찰 근처에서 만날 수 있는 까닭이 무엇일까? 바로 절을 지을 때나 수리할 때 기둥으로 쓰기 위해서 일부러 심었기 때문이다. 전나무는 무리를 이루다 보니 빨리 키를 키워야 하므로 모두 곧은 줄기를 갖는다. 재질이 조금 무른 것이 단점이지만 사찰이나 관아의 웅장한 건축물의 높은 기둥으

오대산 월정사 금강교에서 일주문까지의 전나무 숲길.

끝이 뾰족하고 뒷면에 흰색의 숨구멍이 있는 잎, 위로 향하여 달리는 열매.

로 쓰기에 안성맞춤이다. 실제로 해인사 팔만대장경판 보관 건물인 수다라장, 양산 통도사와 강진 무위사의 대웅전 기둥 일부가 전나무로 만들어졌다. 궁궐 건물에도 전나무는 소나무 다음으로 많이 쓰였다.

전나무는 오늘날에도 쓰임새가 넓다. 한 해가 저물 때 곳곳에 장식되는 크리스마스트리는 전나무가 원조다. 또 전나무는 고급 종이 원료로 사랑을 가장 많이 받는다. 목재의 속살은 대체로 황백색에 가까우나, 옛사람들이 백목白木이란 별칭을 붙일 정도로 거의 하얗다. 거기다 세포 하나하나의 길이가 다른 나무보다 훨씬 길다. 따라서 종이를 만들 때 탈색제를 조금만 넣어도 하얀 종이를 얻을 수 있고, 긴 세포는 종이를 더욱 질기게 한다. 전나무 종류로는 분비나무와 우리나라에서만 자라는 구상나무가 있다.

청와대 경내에는 녹지원 숲속의 백악교를 지나 수궁터로 올라가는 길을 따라 몇 그루가 자란다. 늘푸른나무인 전나무는 다른 나무들이 노랗고 붉게 물드는 가을부터 새잎을 내는 다음 해 봄 사이에 더욱 돋보인다. 가장 큰 나무는 키 25미터, 둘레 한 아름에 이른다. 1960년 3월 25일에 찍힌 '이승만 대통령 경무대 정원 식수'라는 제목의 흑백사진 한 장이 국가기록원에 남아 있다. 사진 속 나무의 수형이나 가지 뻗음 및 잎 모양을 보면 약 10살 정도의 전나무 묘목임을 알 수 있는데, 그 나무가 자라서 오늘날 이 전나무가 된 것이다.

전나무의 나무말은 곧은 줄기의 큰 나무가 숲을 이루어 자라는 모습을 보는 느낌 그대로 '숭고함', '고상함' 등이다.

금송

Japanese umbrella pine / 金松

* * *

일본에만 자라는 금송, 백제 무령왕릉에 쓰이다

과명	학명
금송과	*Sciadopitys verticillata*

금송이란 이름을 보고 금빛 나는 소나무의 한 품종쯤으로 생각하는 경우가 많다. 하지만 이름에 송松이 들어갔다고 전부 소나무는 아니다. 낙엽송, 낙우송, 미송, 홍송 등 소나무가 아니라도 흔히 '송'을 넣어 부른다. 금송도 마찬가지다. 금송은 소나무보다 잎이 더 굵고 계절에 따라 황백색을 띠기도 한다. 금송과 소

수궁터 길 건너 녹지원 숲 가장자리에 자라는 금송.

빙 둘러 나는 두껍고 부드러운 바늘잎, 이듬해 익는 솔방울.

나무는 둘 다 바늘잎나무라는 것 이외에는 서로 과科가 다를 만큼 먼 사이다.

금송은 세계의 다른 곳에는 없고 오직 일본 남부에서만 자라는 희귀 수종이다. 먼 옛날 지질시대에는 한반도에도 있었지만 오래전에 완전히 멸종되어 버렸다. 일본의 신사나 절 등의 문화재 지역에는 수백 년 된 금송 고목이 그들의 천연기념물로 지정되어 보호받고 있으며, 일본 왕실의 상징 나무로도 귀하게 대접을 받는다. 잘 썩지 않으며 습기가 많은 장소에서도 오래 견딜 수 있으므로 고대 일본에서는 고급 목관을 비롯하여 나무통이나 배 만드는 데도 이용되었다. 한마디로 금송은 일본을 빼고는 이야기를 할 수 없는 '일본의 나무'다.

한반도에서는 먼 옛날에 없어졌던 금송이 우리와 다시 인연

10년에 걸친 보존 처리와
연구를 통해 원상에 가깝게
복원된 무령왕(오른쪽)과
왕비의 목관.

을 맺은 것은 백제 때다. 1971년 7월 9일, 충남 공주 송산리 고분
군에서는 백제 제25대 임금 무령왕의 무덤이 모습을 드러낸다.
수많은 유물과 함께 왕과 왕비의 시신을 감싸고 있던 다량의 목
관 조각도 출토되었다. 20년이 지난 1991년, 우연한 기회에 관
재 조각을 입수하게 된 필자는 현미경으로 세포 검사를 하여 관
재가 금송임을 처음 밝혀냈다. 또 제30대 무왕의 무덤으로 추정
되는 익산 쌍릉의 관재도 역시 금송이다. 이어서 최근에는 백제
사비시대 왕릉인 부여 능산리 1호 동하총 관재도 금송임이 밝혀
졌다. 금송을 관재로 가져온 것을 보면 당시 백제와 일본의 교류
가 얼마나 깊었는지를 짐작할 수 있다.

　이렇게 1500여 년 전 일본에서 목재로 들어왔던 금송은 일
제강점기에 살아서 다시 우리 땅을 밟는다. 한반도에 사는 일본

아산 현충사 이순신 장군 사당 앞에 자라던 금송(맨 왼쪽). 지금은 현충사 밖으로 옮겨졌다.

인들이 이 나무를 좋아해 공공기관이나 유적지에 심었기 때문이다. 그중 한 곳이 본래 조선총독 관저였던 청와대 옛 본관 앞이다. 일제가 1939년 건물 공사를 마무리하면서 앞뜰에 5살 된 금송 세 그루를 심었다고 알려져 있다. 1970년대 초 전국의 문화재를 정비하면서 당시 박정희 대통령은 아산 현충사, 금산 칠백의총, 안동 도산서원에 이 나무를 한 그루씩 옮겨서 기념식수했다.

　일본이라는 접두어를 붙이지 않고는 이야기를 할 수 없는 금송을 다른 곳도 아닌 항일유적지에 자라게 할 수는 없는 일이다. 의식 있는 시민들과 전문가들이 나무를 문화재 구역 밖으로 옮겨 심자고 오랫동안 건의해 왔다. 다행히 지금은 현충사, 칠백의총, 도산서원의 금송 모두 담장 밖으로 옮겨졌다. 관심을 가졌던 모든 분들은 오랜 체증이 가신 것처럼 시원해한다. 청와대 경내에는 수궁터 앞 녹지원 숲의 서쪽 가장자리에 금송이 한 그루 자란다. 2022년 기준으로 나이는 84살이며 현충사 금송 등과 함께 자라던 나무인지 아니면 수궁터 일대를 정비할 때 큰 나무를 옮겨 심었는지는 알 수 없다.

금송은 늘푸른 바늘잎나무로 원산지에서는 키 20~30미터, 둘레가 두세 아름에 이르는 큰 나무다. 바깥 모양이 긴 원뿔처럼 생겼고, 가지 뻗음과 잎 모양이 독특하여 모습이 아름다운 나무로 유명하다. 잎은 소나무보다 훨씬 두껍고 끝이 뾰족하지 않으며 수십 개씩 돌려나기 하므로 소나무와 완전히 다른 나무임을 금방 알 수 있다. 나무말은 '자애로움', '그윽함', '고상함' 등이다.

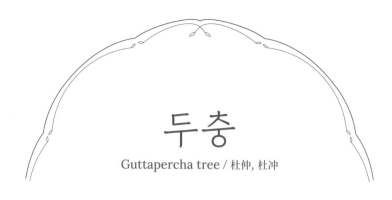

두충

Guttapercha tree / 杜仲, 杜冲

* * *

껍질이나 잎으로 병을 치료하는 약나무

과명	학명
두충과	*Eucommia ulmoide*

중국 중서부가 원산인 두충은 키 20미터에 둘레 한 아름 정도까
지 자라는 큰키나무다. 손바닥 크기의 긴 타원형 잎은 약간 짙
은 초록색에 잎맥이 뚜렷하다. 가장 큰 특징은 잎을 가로로 찢어
보면 점액질로 된 거미줄 모양의 하얀 실을 볼 수 있는 점이다.
잎뿐 아니라 열매, 뿌리, 속껍질에서도 마찬가지다. 구타페르카

한때 건강식품으로 알려져 널리 심었던 두충. 녹지원 숲길에서 만날 수 있다.

두충의 짙은 녹색의 잎, 수꽃.

guttapercha라는 성분이 포함되어 있기 때문이다. 이를 정제하여 건조시키면 60도 이상에서 말랑말랑해지고 상온에서는 단단해지는 성질을 갖게 된다. 전선의 절연체로 쓰인 적도 있다고 한다. 온대 지방의 나무 중에는 두충이 유일하게 구타페르카를 포함하고 있으나 함량이 약 6.5퍼센트에 불과해 산업적으로 이용할 수는 없다.

그러나 구타페르카 성분은 약리작용이 있다 하여 먼 옛날부터 한약재로 널리 쓰였다. 속껍질을 벗겨 찐 뒤 햇빛에 말린 것을 두충이라 하는데 강장제, 진통제로 쓰고 관절염에도 이용한다. 잎으로 만든 두충차는 혈압강하제로 쓰기도 한다. 한때 우리나라에도 두충의 약효가 과대하게 포장되어 널리 심은 적이 있다. 두충은 고려 문종 33년(1079) 임금의 숙환인 풍비증을 치료

두충의 잎을 잡아당기면
하얀 실 같은 진액이 나온다.

할 목적으로 송나라의 노주潞州에서 나온 두중杜仲을 수입하면
서 우리나라에 처음 알려졌다. 《세종실록지리지世宗實錄地理志》
(조선 각 도의 연혁, 고적, 물산, 지세 등을 기록한 지리지. 《세종실
록》에 실려 있다.)에는 경상, 전라, 제주의 특산물인 두충杜冲이
등장한다. 원래 중국의 두중이란 사람이 이 나무껍질을 먹고 도
를 깨우쳤다 하여 두중이라 불렀다고 하는데 우리나라에 오면서
표기가 변한 것 같다. 중국과 일본은 모두 두중이라 하며 우리만
두충이란 이름을 쓴다. 건강식품도 유행을 타는지 이제 두충은
차츰 잊히고 있다. 최근에는 정원수로서 명맥을 이어가는 것이
그나마 다행이다. 청와대 경내에는 수궁터와 녹지원 숲 경계에
한 그루 자란다.

만병초

Short-fruit rosebay / 萬病草

* * *

만 가지 병을 고쳐준다는 풀, 그러나 나무예요!

과명	학명
진달래과	*Rhododendron brachycarpum*

남북관계에 훈풍이 불던 2018년 9월 20일 제5차 남북정상회담 마지막 날 백두산에 오른 남북 정상 내외는 담소를 나눈다. 리설주 여사가 "백두산은 7~8월이 제일 좋습니다. 만병초가 만발합니다"라고 말하자 문재인 대통령은 "그 만병초가 우리 집 마당에도 있습니다"라고 화답했다. 실제로 청와대 관저의 마당에 모양

지리산 등 높은 산꼭대기에 자라는 만병초가 녹지원 숲에서도 자라고 있다.

둥글게 말아서 추위를 버티는 겨울 잎, 모양이 철쭉을 닮은 흰 꽃.

새가 단정한 예쁜 만병초가 자리를 잡고 있다. 녹지원 숲길에도 자그마한 만병초가 몇 그루 모여 자라고 있다. 그러나 모두 흰 꽃이 피는 만병초이며 백두산의 노랑만병초는 청와대에서 자라지 않는다.

　우리나라에서 가장 넓은 면적에 걸쳐 만병초가 자라는 곳은 백두산이다. 청석봉 아래의 고산지대에 다른 들꽃과 함께 무리를 이루는데, 단연 돋보이는 꽃이 여름날의 노랑만병초다. 원래 만병초는 키 4미터까지도 자라지만 이곳에서는 거의 땅에 붙어서 이웃들과 살을 맞대고 큰 무리를 이루어 추위와 바람을 피하고 있다. 중국 선양을 다룬 지리지인 《성경통지盛京通志》에는 "향수香樹는 줄기가 곧고 여럿이 모여 나며 노란 꽃이 피고 장백산백두산에 가장 많다. 향기가 있어서 제사 때 향불로 쓴다. …"

라고 했다. 향수는 노랑만병초를 가리키며 예부터 백두산에 군락을 이루어 자랐고 향을 가진 나무로도 유명했음을 알 수 있다. 만병초는 이렇게 춥고 척박하여 다른 나무들이 자랄 엄두도 못내는 높은 산꼭대기에서 자란다. 진달래의 한 종류이며 꽃 모양도 진달래를 많이 닮았다. 만병초는 꽃의 색깔에 따라 노랑만병초, 흰 꽃이 피는 만병초, 울릉도 성인봉의 붉은 꽃이 피는 홍만병초 등으로 구분한다.

만병초는 늘푸른 작은키나무로서 겨울에도 잎을 떨어뜨리지 않고 푸른 잎사귀를 그대로 매단 채 살을 에는 강추위를 이겨낸다. 그것도 바늘잎나무처럼 가느다란 잎이 아니라 손바닥 크기의 기다란 잎을 매단 채로 영하 30~40도를 버틴다.

이름은 '만 가지 병을 고칠 수 있는 풀'이라는 뜻으로 만병초萬病草다. 물론 풀이 아니고 어엿한 나무다. 만병초 이외에도 골담초, 죽절초, 낭아초, 인동초인동덩굴 등은 이름에 초草가 들어있어서 풀로 오해하기 쉬운 나무들이다. 《동의보감》에서는 만병초를 석남石南이라 했고, 잎을 약으로 쓴다며 약효는 이렇게 적고 있다. "힘줄과 뼈의 병과 피부의 가려움증을 낫게 하며, 성 기능을 좋게 하고 다리가 아픈 것을 낫게 한다." 모든 병에 효험이 있다는 말은 어디에도 없다. 원래 만병초는 마비성 독을 함유한 식물이다. 잘못 먹으면 토하고 설사를 하며 호흡곤란까지 겪을

수 있다고 한다. 민간에 만병초의 여러 약효가 알려져 있지만 함부로 먹으면 오히려 병을 얻게 된다. 신중하게 복용해야 하나 잘 지켜지지 않아 식약처에서는 '만 가지 병을 고친다는 만병초 먹지 마세요!' 하고 긴급 공지를 하기도 했다.

만병초는 본래 지리산, 태백산, 설악산 및 울릉도 성인봉까

여름이 시작되면 백두산 천지 일대에는 노랑만병초 꽃이 무리 지어 피어난다.

지 군락을 이루고 있었다. 이렇게 과거형을 쓰는 것은 남한의 만
병초 군락이 지금은 거의 남아 있지 않아서다. 만병초의 약효를
너무 믿어 잎뿐만 아니라 뿌리까지 캐어 간 사람들 탓이다. 꽃말
은 '위엄', '장엄', '위험'이다. 위험이란 꽃말은 만병초가 독을 품
고 있기 때문에 붙었다.

남천

Nandina, Heavenly bamboo / 南天

● ● ●

붉은 잎을 달고 한겨울 추위를 이겨내요

과명	학명
매자나무과	*Nandina domestica*

중국 남부와 인도가 원산지인 남천은 정원수로 많이 심는 자그
마한 늘푸른나무다. 삭막한 겨울 정원에서 붉은 잎과 푸른 잎이
섞인 남천을 만날 수 있다. 청와대 경내에서는 녹지원 숲길에 만
병초와 함께 자란다. 남천은 바닥부터 여러 개의 줄기가 올라와
무리를 이룬다. 대나무처럼 곧게 자라고 잎은 주로 줄기 꼭대기

작은 대나무 같은 모습이 특징이며 늘푸른나무이나 겨울에는 잎이 붉게 물드는 남천.

흰 꽃이 모인 원뿔 모양의 꽃차례, 늦가을부터 봄까지 달리는 붉은 열매.

에 모여 달린다. 그래서 중국 남부가 원산지인 남천의 원래 이름 은 남천축南天竺 혹은 남천죽南天竹으로 둘 다 '남천 대나무'라는 뜻이다. 일본으로 건너가면서 마지막 글자가 빠져 남천南天이 되었고 우리도 줄인 이름 그대로 남천이라 한다.

남천은 세 번이나 갈라지는 잎자루에 긴 마름모꼴로 끝이 뾰족한 작은잎이 여럿 달린다. 초여름, 원뿔 모양의 긴 꽃대에 초록 잎을 바탕으로 하얀 꽃이 줄줄이 핀다. 늦가을에 굵은 콩알 만 한 열매가 붉게 익어 다음 해 봄까지도 달려 있다. 특히 가을 에서 이듬해 봄까지 잎이 붉게 변한다. 늘푸른나무나 단풍을 닮은 붉은 잎은 겨울 풍광의 삭막함을 씻어준다. 나름 겨울을 버 티기 위하여 잎 속의 당류 함량을 높이면서 붉은색을 띠는 것으 로 짐작된다.

남천은 신사임당의 화조도에도 등장하는 것으로 보아 적어도 조선 초 이전에 우리나라에 들어왔다. 그러나 오늘날에는 주로 일본에서 개량한 원예품종을 심고 있다. 일본은 아주 오래전에 중국에서 가져다 심은 탓에 새들이 씨앗을 옮겨주어 현재는 산에 야생으로 자라기도 한다. 일본 이름인 난텐ナンテン이 어려움을 극복하고 부정을 씻어낸다는 뜻으로도 읽혀 귀신이 출입한다고 믿는 방향이나 화장실 옆에 심는다.

열매에는 여러 종류의 알칼로이드 성분이 들어 있으며 지각知覺 및 운동신경을 마비시키는 작용을 하여 기침을 멈추게 한다고 알려져 있다. 잎은 위장을 튼튼히 하고 해열을 시켜주며 역시 기침을 멈추게 하는데도 효과가 있다고 한다. 잎에는 미량의 청산靑酸, 시안화수소이 들어 있다. 초밥을 비롯한 일본식 음식에는 흔히 남천 잎을 얹어두는데, 음식의 변질을 막는 효과를 기대하는 의미라고 한다. 꽃말은 '회상', '격정', '좋은 가정', '전화위복' 등이다.

루브라참나무
American red oak

* * *

가구 만드는 데 널리 쓰이는 미국 참나무

과명	학명
참나무과	*Quercus rubra*

녹지원 숲 아랫길에서 여민관으로 들어가는 입구에는, 가장자리가 들쭉날쭉하여 우리나라에서는 잘 볼 수 없는 잎을 가진 큰 나무 한 그루가 있다. 둘레 한 아름에 이르는 루브라참나무 고목이다. 루브라참나무는 북아메리카의 동북부, 캐나다와 미국에 걸쳐 자란다. 가구, 마루판, 악기, 실내장식재 등 우리 생활용품에

빨리 자라며 추위에도 강한 미국 원산의 루브라참나무.

단풍이 고운 넓은 잎,
2년에 걸쳐 맺히는 도토리.

쓰이는 참나무는 대부분 루브라참나무다. 우리가 가구를 구입할 때 '오크oak 가구'라고 하면 대부분 이 나무의 목재로 만든 것이다.

참나무 무리는 세계의 산림을 구성하는 주요한 수종이다. 우리나라에서 가장 많은 넓은잎나무 역시 참나무 종류이며 거의

30퍼센트에 육박한다. 우리가 참나무 종류 여럿을 묶어서 '참나무'라고 하듯이 서양 사람들도 참나무 종류를 묶어서 '오크'라고 한다. 그들은 참나무 종류의 여러 특징을 종합하여 목재의 색깔이 조금 진한 레드오크Red oaks와 상대적으로 좀 연한 화이트오크White oaks로 크게 나눈다. 우리 참나무와 비교한다면 레드오크는 굴참나무와 상수리나무고, 화이트오크는 졸참나무·갈참나무·신갈나무·떡갈나무다. 레드오크는 도토리가 열린 그해에 익지 않고 다음 해 가을이 되어야 익는다.

참나무 종류는 물관 속에 타일로시스tylosis(물관 내 빈 공간의 일부 또는 전부를 폐쇄하는 구조물)라는 충전물질이 흔히 발달하는데, 레드오크에는 이것이 거의 없고 목재 색깔도 진하다. 반면 화이트오크는 꽃이 핀 해에 도토리가 익고 타일로시스도 잘 발달한다. 레드오크는 가구재, 마루판재, 무늬목 등으로 이용된다. 미국이나 유럽의 레드오크의 대표 수종은 루브라참나무와 대왕참나무다. 화이트오크는 타일로시스로 물관이 막힌 경우가 많아 액체가 스며 나올 가능성이 적으므로 포도주나 위스키를 숙성시키는 나무통으로 흔히 이용한다. 대표적인 수종은 북미 원산의 알바참나무와 유럽에 분포하는 유럽참나무가 있다.

벚나무

Oriental flowering cherry / 櫻, 樺木

· · ·

껍질로 활을 만들던 나무, 그러나 지금은 꽃놀이 나무

과명	학명
장미과	*Prunus serrulata* var. *spontanea*

벚나무는 잎도 내기 전에 화사한 꽃을 먼저 피워 나무 전체를 구름처럼 완전히 덮어버린다. 꽃이 활짝 피었을 때도 아름답지만 꽃이 질 때의 깔끔함도 또 다른 매력이다. 꽃봉오리가 벌어지기 시작하면 일주일 정도 후에 한꺼번에 지는데, 다섯 장의 작은 꽃잎이 한 장씩 떨어져 바람결 따라 훌훌 날아가 버린다. 산들바람

꽃 필 때면 주변을 한층 화사하게 만드는 버들마당의 벚나무.

이라도 부는 날 흩날리는 꽃잎의 모습은 영락없이 꽃비가 내리는 듯하다. 그러나 우리에게 다가오는 벚꽃의 느낌이 항상 이렇게 낭만적인 것만은 아니다. 전쟁터에서 죽은 젊은이들을 일컫는 산화散華라는 말과 벚나무를 가리키는 산화散花는 뉘앙스가 같다. 또한 이 아름다운 꽃은 불행히도 일본을 대표하는 꽃이다. 일제강점기에 우리의 궁궐 창경궁에까지 벚나무를 줄줄이 심고 시민의 휴식처란 명목으로 꽃구경 놀이터로 만들기도 했다. 그래서 벚나무로 상징되는 치욕의 역사를 우리는 쉽게 잊을 수 없다.

오늘 이 시점에도 안타까운 점은 벚꽃으로 대표되는 일본인들의 꽃구경[花見] 문화가 우리 생활 깊숙이 들어와 버린 것이다. 문화가 세월 따라 한 곳에서 다른 곳으로 흐르는 것은 지극히 정상적이다. 오늘날 우리는 벚꽃을 구경하는 문화에 익숙해져 있다. 이런 문화를 바꿀 필요도 없고 설령 바꾸고 싶어도 우리에게 너무 깊숙이 들어와 있다. 다만 벚꽃 구경은 선조들로부터 물려받은 우리 전통문화가 아니라 일제강점기부터 시작된 일본 문화란 사실은 잊지 않았으면 좋겠다.

우리 선조들은 전혀 벚꽃에 주목하지 않았다. 정원의 꽃나무로 일부러 심은 적도 없으며 옛 시가에 단 한 수의 벚꽃 시詩도 없다. 벚나무는 '꽃구경' 대상이 아니었기 때문이다. 우리 선

산벚나무 판재로 만든 팔만대장경판. 벚나무는 글자를 새기기에 좋은 재질을 가지고 있다.

조들은 봄날 온통 마음을 산란하게 해놓고 순간에 사라지는 경박함을 싫어한 것 같다. 나무 자체의 쓰임새에만 주목했다. 벚나무는 자작나무와 함께 화樺라 했고, 껍질인 화피樺皮는 활 만들기에 쓰는 주요한 군수 물자였다. 또한 인쇄용 목판木板의 재료이기도 했다. 해인사 팔만대장경판에 쓰인 나무의 60퍼센트 이상이 산벚나무로 만들어졌음이 현미경을 이용한 과학적인 조사에서 밝혀졌다. 산벚나무는 물관의 크기가 적당하고 글자 새기기에 좋은 재질을 가지고 있으며 어디에나 자라므로 손쉽게 얻을 수 있는 복재였다.

광복 후 한때 벚나무 제거 운동까지 있었으나 지금은 우리나라 가로수의 약 30퍼센트가 벚나무일 만큼 널리 심고 있다. 본래 일본을 대표하는 나무라는 의식이 강했으나 1962년 박만규 교수가 벚나무의 한 종류인 왕벚나무의 제주도 자생설을 발표하

우리나라 자생종 왕벚나무인 천연기념물 제159호 제주 봉개동 왕벚나무.

면서 우리 나무로 인식되었기 때문이다. 그러나 꽃을 좋아하고 아끼는 마음은 그 꽃의 자생지보다 그 나무에 얽힌 문화와 역사가 더 중요하다. 예를 들어 무궁화는 우리나라에 자생지가 없어도 국화로 받아들이는 데 아무런 문제가 없다. 꽃말은 '고상함', '우아한 여성', '순결', '담백함' 등이다.

벚나무 종류는 벚나무, 왕벚나무, 산벚나무, 올벚나무, 잔털벚나무, 능수벚나무 등 10여 종이 넘는다. 왕벚나무는 잎보다 꽃이 먼저 3~6개씩 잎겨드랑이에 모여 피고 씨방과 꽃자루에 털이 있다. 산벚나무는 꽃이 잎과 거의 동시에 두세 개가 잎겨드랑

1. 벚나무 꽃   2. 왕벚나무 꽃
3. 산벚나무 꽃   4. 올벚나무 꽃

이에 모여 피고 꽃자루에 털이 없다. 올벚나무는 씨방이 항아리
처럼 부풀어 올라 있다. 또 능수버들처럼 가지가 아래로 드리워
져 있는 능수벚나무처진개벚나무는 한눈에 알아볼 수 있다. 그러
나 대부분의 벚나무 종류는 꽃 필 때가 아니면 구별하기가 어렵
다. 버들마당을 비롯한 청와대 경내의 곳곳과 춘추관에서 백악
정으로 올라가는 외곽 길에는 왕벚나무, 산벚나무, 잔털벚나무
등 몇 종류의 벚나무가 섞여 자란다.

용버들
Dragon-claw willow

* * *

용틀임하듯 구불구불하고 길게 늘어지는 버들

과명	학명
버드나무과	*Salix matsudana* f. *tortuosa*

우리나라에 자라는 30여 종의 버드나무 종류 중 가지가 길게 늘어지는 버들은 능수버들, 수양버들, 용버들의 세 종류가 있다. 능수버들과 수양버들은 너무 비슷하여 같은 나무로 합치자는 의견도 많으나 용버들은 모양새가 특별하여 금방 찾아낼 수 있다. 그러나 중국 원산의 용버들은 잘 심지 않아 흔하지는 않다.

버들마당의 용버들. 우리나라에서 가장 굵고 큰 용버들로 알려져 있다.

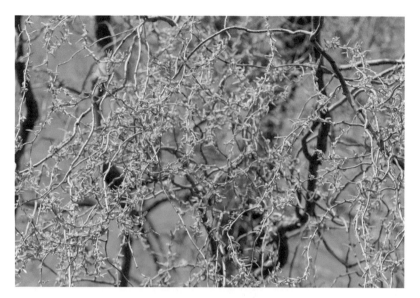

가지가 꼬불꼬불하고 길게 늘어지는 용버들.

　　연풍문 안 경호실 앞마당은 버들마당이란 정겨운 이름으로
불린다. 원래 지대가 낮은 습지로서 커다란 용버들 한 그루가 자
리 잡고 있기 때문이다. 키 22미터, 둘레 두 아름에 이르며 나이
는 100살 정도로 짐작된다. 다른 버들처럼 물이 풍부한 이런 땅
에 잘 자란다. 용버들의 가지 뻗음을 보면 버들의 특성대로 아래
로 늘어지면서 꼬불꼬불하게 구부러져 있다. 마치 승천하는 용
과 같은 모습이라 용버들이란 이름이 붙었다. 강한 바람이나 자
연재해에 대비하기 위함이나 나무가 굵어지면 그럴 필요가 없어

져서 줄기와 가지 모두 곧바르게 자란다.

　　버들가지는 줄줄이 밑으로 늘어져 작은 바람에도 간들거린다. 자람이 빨라 한 해 동안 자라는 가지가 너무 가늘고 길어서 무게를 이기지 못하고 아래로 늘어질 수밖에 없다. 또 다른 이유도 있다. 봄에 싹이 터서 처음 만들어진 나무세포는 분열을 할 때 서로 붙잡아 줄 물질이 필요하다. 이를 펙틴pectin이라 하는데, 시간이 지나면서 펙틴은 차츰 리그닌lignin이라는 물질로 대체된다. 리그닌은 세포벽 안에 콘크리트를 부어 넣는 것처럼 나무를 단단하게 만드는 물질이다. 필자가 생각하기로는 용버들은 새로 나온 연약한 나뭇가지의 펙틴이 리그닌으로 대치될 때 고루 분배되지 않는 것 같다. 그 결과 가지가 불균형하게 단단해지는 탓에 구불구불해지는 것으로 보인다. 다른 이름으로 '고수버들', '곱슬버들', '파마버들'이라고도 한다. 자연의 거센 바람에 맞서지 않고 능수버들보다도 더 유연하게 적응하겠다는 전략이 돋보인다. 나무말은 '우울', '참을 수 없는 슬픔' 등이다.

물푸레나무

East Asian ash / 水靑木

• • •

물을 푸르게 하는 나무

과명	학명
물푸레나무과	*Fraxinus rhynchophylla*

물푸레나무는 '물을 푸르게 하는 나무'란 뜻의 아름다운 우리 이름이다. 한자로도 수청목水靑木이다. 실제로 어린 가지의 껍질을 벗겨 물에 담가보면 파란 물이 우러난다. 그러나 낭만적인 이름에 어울리지 않게 무시무시한 쓰임새가 따로 있다. 죄인을 심문할 때 쓰던 곤장은 대부분 물푸레나무로 만들었다. 물푸레나무

아름드리로 크게 자란 버들마당의 물푸레나무.

잎자루 하나에 5~7개의 작은잎이 붙은 겹잎, 주걱 모양의 날개열매.

곤장은 너무 아프므로 죄인을 가엽게 생각한 임금이 보다 덜 아
픈 다른 나무로 바꾸도록 했다고 한다. 조선왕조실록에는 예종
때 형조판서 강희맹이 "지금 사용하는 몽둥이는 그 크기가 너무
작아 죄인이 참으면서 조금도 사실을 자백하지 않으니 이제부터
버드나무나 가죽나무 말고 물푸레나무만을 사용하게 하소서"라
고 상소한 내용이 나온다. 다만 오늘날 국립중앙박물관에 남아
있는 곤장은 버드나무로 만든 것이다.

　물푸레나무의 가지는 옛 서당 어린이들에게 공포의 대상이
었던 회초리로도 변신하곤 했다. 낭창낭창하고 유연하여 훈장님
이 아무리 살살 매질을 하여도 아픔은 곱이 되기 마련이었다. 그
래서 아이들은 아버지가 훈장님에게 물푸레나무 회초리를 한 아
름 선물하는 것을 제일 두려워했다. 물푸레나무는 단단하고 질

긴 나무다. 야구 방망이나 테니스 라켓 등의 운동구에 애용되었으며 옛날에는 도리깨 등의 농사용 도구로도 쓰였다. 눈이 많이 오는 강원도 산간 지방에서는 눈에 빠지지 않게 신는 덧신인 설피雪皮의 재료로도 빠질 수 없었다.

물푸레나무 껍질은 진피秦皮라고 하는데, 안약으로 쓰였다. 《동의보감》에는 "우려내어 눈을 씻으면 정기를 보하고 눈을 밝게 한다. 두 눈에 핏발이 서고 부으면서 아픈 것과 바람을 맞으면 눈물이 계속 흐르는 것을 낫게 한다"라고 기록되어 있다. 물푸레나무는 이렇게 껍질이 벗겨지는 아픔을 감내하면서 임금님부터 백성에 이르기까지 안약이 되어준 고마운 나무다.

물푸레나무는 우리나라 어디를 가나 산속의 크고 작은 계곡에서 아름드리로 자라는 큰키나무다. 달걀 모양의 잎이 잎자루 하나에 대략 여섯 개씩 붙어 있는 겹잎이고, 봄날 새 가지 끝에서 꽃이 하얗게 핀다. 열매는 납작한 주걱 모양의 날개가 붙어 한꺼번에 수십 개씩 무더기로 달려 있다가 세찬 겨울바람을 타고 새로운 땅을 찾아 제각기 멀리 날아간다. 북유럽 신화의 천지창조 신 오딘은 물푸레나무로 남자를 만들었다고 한다. 나무말은 '위엄', '장엄' 등이다. 모양이 비슷한 들메나무도 흔하며, 잎 뒷면에 털이 많고 꽃이 작년 가지에 달리는 점이 물푸레나무와 다르다.

측백나무

Oriental arborvitae / 栢, 側栢

* * *

관청이나 무덤에 심던 신령스러운 나무

과명	학명
측백나무과	*Platycladus orientalis*

측백나무는 오래 전부터 선조들이 가까이한 나무다. 우리나라에 자라기는 하지만 중국 문화와 관계가 깊다. 중국에서는 예부터 묘지의 둘레나무로 쓰였으며, 소나무와 함께 바늘잎나무를 대표하였다. 선비의 곧은 기품을 이야기할 때 흔히 쓰는 송백松柏의 백柏은 측백나무와 잣나무에 모두 쓰이는 글자다. 대체로 중국

여민3관 주변의 측백나무. 청와대로를 따라 산울타리로 심은 여러 나무 중 하나다.

비늘 모양의 납작한 푸른 잎, 뿔 같은 돌기가 달린 열매.

사람들이 '송백'이라고 하면 소나무와 측백나무를, 우리 문헌에
'송백'이 나오면 소나무와 잣나무를 가리키는 것으로 볼 수 있다.

《풍속통의風俗通義》(후한 때의 풍속을 기록한 책)라는 책에
따르면, 무덤 주위에는 시신을 뜯어 먹고 사는 망상魍像이란 괴
물이 살고 있다 한다. 망상은 호랑이와 측백나무를 가장 겁낸다
고 알려져 있다. 그래서 무덤 앞에 호랑이 석상을 만들어 두고
주위에는 측백나무를 심었다는 것이다. 측백나무는 그만큼 귀한
대접을 받았다. 중국 주나라 때 왕의 능에는 소나무, 왕족의 묘
지에는 측백나무를 둘레나무로 심도록 하였다. 그러나 후대로
내려오면서 임금의 능에도 소나무보다 측백나무를 더 널리 심었
다. 베이징의 명13릉明十三陵은 주변이 온통 측백나무로 둘러싸
여 있다. 측백나무는 중국의 사원이나 귀족의 묘지에는 반드시

백두대간에서만 자생하는 희귀 및 멸종위기종인 눈측백이 소정원 한쪽에 자라고 있다.

심는 나무였다. 관청을 백부柏府라 하여 권위의 상징으로 측백나무를 심었으며, 산둥성 취푸曲阜에 있는 공자묘에는 향나무와 함께 측백나무가 나란히 심겨 있다고 한다. 우리나라에서도 묘지 둘레나무로 소나무와 함께 측백나무도 심었다.

측백側栢이란 이름은 잎이 납작하고 옆으로 자라기 때문에 붙었다고 《본초강목本草綱目》에서 밝히고 있다. 바늘잎나무지만 작디작은 비늘잎이 여러 겹으로 포개져 잎이 만들어지고, 전체적으로 납작한 모양이다. 측백나무 열매는 표면에 마치 도깨비뿔 같은 작은 돌기들이 비쭉비쭉 나와 있다. 청와대 경내에는 여민3관 남쪽에 제법 굵은 측백나무가 있다. 측백나무는 사이좋게 숲을 잘 이루므로 나무말은 '영원한 우정', '영원한 사랑' 등이다.

눈측백은 머지않은 시일 내에 멸종 위기에 처할지도 모른다고 경고하는 '적색목록'에 들어 있는 귀한 나무다. 이렇게 귀한 눈측백이 청와대 경내의 소정원 작은 돌 틈에서 잘 자라고 있다. 눈측백은 백두산에서부터 백두대간을 따라 강원도 남단의 태백산까지 분포한다. 해발고도 700~2000미터에 이르는 아고산지대, 북위 37도 이상에서 자라는 한반도의 북방식물이다. 학명 '*Thuja koraiensis*'와 영어 이름 'Korean arborvitae' 모두 한반도의 나무임을 나타내고 있다. 줄기가 땅 위를 기며 작게 자라기 때문에 눈측백이라고 하나, 바람막이가 있는 골짜기에서는 10미터까지 자라 이름을 무색하게 한다. 눈측백은 측백나무와 이름은 비슷하지만 전혀 다른 나무다. 둥근 종자의 좌우에 동일한 크기의 날개가 달려 있으면 눈측백이고, 날개가 없고 매끈하면 측백나무다. 눈측백 무리는 잎과 열매에서 짙은 향이 난다. 이 향을 내는 화합물이 목재를 썩지 않게 보존하는 능력도 뛰어나 앞으로의 활용 가치가 높이 평가되고 있다. 다른 이름으로 찝빵나무라고도 한다.

서양측백나무는 미국 북동부에서 캐나다에 걸쳐 자라며 우리나라에는 일제강점기인 1930년대에 들어왔다. 잔뿌리가 발달

충정관 주차장 주변의 서양측백나무. 잎에서 부드러운 향기를 뿜어낸다.

춘추관 옆 온실 화단에 조경수로 심은 황금측백.

하여 생리활동이 왕성하므로 비료기가 많은 낮은 지대의 좀 습한 땅에 심으면 굉장히 빠르게 자란다. 약간 그늘이 있어도 자람에 큰 지장이 없다. 대체로 키 10~20미터, 한 아름 정도로 자랄 수 있다. 우리 측백나무와 생김새가 비슷하나 서양측백나무는 잎이 더 두껍고 더 크다. 손톱 크기의 열매는 연한 갈색으로 익으며 씨는 넓은 날개가 붙어 있다. 돌기가 있는 측백나무의 열매와 대비된다.

잘 자라면서도 모양새가 좋아 금빛 잎사귀를 가진 황금측백 등 사람들의 취향에 따라 개량한 품종만도 수십 종이나 된다. 황금측백은 밑동부터 여러 줄기가 올라와 전체적으로 둥그스름한 모양을 이루는데, 춘추관 옆 온실 화단에 자라고 있다.

라일락
(서양수수꽃다리)

Korean early lilac

* * *

달콤한 사랑의 꽃향기, 쓰디쓴 잎사귀

과명	학명
물푸레나무과	*Syringa oblata* *var. dilatata*

봄이 한창 무르익을 4월 말쯤 라일락은 연보랏빛, 혹은 새하얀 작은 꽃들을 구름처럼 모아 피운다. 조금 멀리 떨어져 있어도 라일락 향기는 금방 코끝을 자극한다. 사랑의 밀어를 나누는 젊은 연인들에게 친숙한 꽃이며, 바로 그들의 향기다. 영어권에서는 라일락Lilac이라 부르며 프랑스에서는 릴라Lilas라고 한다. 옛 가

경비단 화단 한 켠에는 제법 큰 라일락이 자란다.

원뿔 모양의 꽃차례가 수십 송이 모여 꽃송이를 이루는 라일락의 흰 꽃과 연보라색 꽃.

요 〈베사메무쵸〉의 가사는 "…리라꽃 지던 밤에 베사메 베사메
무쵸/ 리라꽃 향기를 나에게 전해다오…"로 이어진다. 라일락의
꽃향기는 첫사랑의 첫 키스만큼이나 달콤하고 감미롭다. 잎도
하트 모양에 가깝다. 잎도 달콤할까? 잎 끝을 조금 씹어본다. 소
태나무처럼 지독한 쓴맛에 놀란다. 사랑은 달콤함만 아니라 쓴
맛도 있다는 사실을 잊지 말라는 경고다.

　　필자는 다른 의미로 라일락을 가슴깊이 간직하고 있다.
4·19혁명이 있던 1960년, 필자는 대학 2학년이었다. 이승만 독
재정권에 대한 미움이 가득했다. 유난히도 그해는 라일락 향기
가 더 강했다. 영국 시인 토머스 엘리엇의 〈황무지〉의 한 구절이
깊게 가슴에 와 닿았다. "4월은 가장 잔인한 달/ 언 땅에서 라일
락을 키워내고/ 추억과 욕망을 뒤섞고/ 잠든 뿌리를 봄비로 깨

꽃의 향도 일품이지만 하트 모양의 잎도 독특한 라일락.

운다. …" 시처럼 언 땅, 춥고 바람 부는 황무지에서도 라일락은
봄을 기다리며 버틴다. 결국 독재는 무너지고 민주주의의 황무
지라던 우리나라에도 꽃은 피기 시작했다.

　　라일락은 서양에서 널리 심던 꽃나무다. 20세기 초 서양 문
물이 밀려들면서 함께 들어와 공원이나 학교 등을 중심으로 널
리 퍼지기 시작했다. 라일락의 우리 이름은 수수꽃다리다. 우리
의 오곡 중의 하나인 수수의 꽃이 달린 모습이 이 나무의 꽃대와
닮았다고 '수수 꽃 달린 나무'에서 수수꽃다리가 되었다. 엄밀하
게 말하면 수수꽃다리와 라일락은 각자의 학명을 따로 가진 다

털개회나무를 개량하여 만든
세계적인 원예품종인
미스킴라일락의 꽃.

른 나무다. 그러나 우리나라의 수수꽃다리인지 아니면 20세기
초 들여와 온 나라에 퍼진 라일락인지를 알아내는 것은 전문가
에게도 어려운 일이다.

청와대 경내에도 줄기 지름이 10센티미터를 훨씬 넘는 라
일락이 여기저기 자란다. 특히 경비단 건물 옆에는 큰 라일락 한
그루가 자리를 잡았다. 연보라색 꽃이 아닌 흰 꽃이 피는 라일락
이다. 꽃말은 '사랑의 씨앗', '첫사랑', '아름다운 청춘', '추억' 등
이다.

라일락의 여러 원예품종 중에 미스킴라일락이라는 독특한

이름의 나무가 있다. 광복 직후 미군정청에서 근무하던 원예전문가 엘윈 M. 미더는 어느 날 북한산에 올라갔다가 라일락의 친척인 우리 토종식물 털개회나무 꽃의 아름다움에 반한다. 그는 귀국할 때 채집한 털개회나무 씨앗을 챙겨 갔다. 이후 개량을 거듭하여 보통 라일락에 비해 키가 훨씬 작고 가지 뻗음이 일정해 모양 만들기가 쉽고, 짙은 향기가 더 멀리 퍼져 나가는 뛰어난 새 품종을 만들어냈다. 이름을 무엇으로 할 것인가 고민할 때, 당시 같이 근무하던 타이피스트 미스킴Miss Kim이 금방 떠올랐다. 그녀의 성을 따 새 품종엔 미스킴라일락이라는 이름이 붙었다. 안타깝게도 지금 우리는 로열티를 주고 북한산 털개회나무의 개량품종 미스킴라일락을 다시 사오는 처지가 되었다. 종자 확보 전쟁에서 한발 늦은 우리에게 식물 자원의 중요성을 일깨우는 본보기다. 청와대 경내엔 상춘재 옆 숲속에 미스킴라일락이 자란다.

청와대의 대통령 기념식수

무언가를 기념하기 위하여 나무를 심는 것, 혹은 그 나무를 우리는 '기념식수'라고 한다. 마의태자가 나라를 잃고 금강산으로 들어가면서 아픈 마음을 달래기 위하여 심었다는 경기 양평 용문사 은행나무, 강감찬 장군이 출전을 기념하여 심었다는 서울 신림동 굴참나무, 조선시대 문신 김종직 선생이 함양군수 임기를 끝내고 기념으로 심었다는 학사루 느티나무 등 우리나라 고목나무의 상당수는 기념식수한 나무들이다.

1949년 대통령령으로 식목일을 제정한 뒤로는 한국전쟁 시기 등을 제외하면 매년 식목일 나무심기 행사를 했다. 행사장이 외부일 때도 돌아와서 청와대 경내에 따로 식목일 기념식수를 했다. 나무를 심고 나면 앞에다 자그마한 기념 팻말을 세웠는데, 처음에는 나무 팻말이었으나 차츰 돌 팻말로 바뀌었다. 세월이 지나면서 나무 팻말은 썩어 없어졌고, 돌 팻말도 정권이 바뀌면 관리 소홀로 훼손되거나 없어진 경우도 있었던 것 같다. 또 나무 자체가 죽어버리는 등 여러 가지 이유로 대통령 기념식수를 확인하기 어려운 경우가 많다. 돌 팻말이 있어 확인 가능한 기념식수와 팻말은 없지만 사진 등 거의 확실한 자료가 남아 있어 추정 가능한 기념식수를 합치면 북악산 등산길의 쉼터인 백악정을 포함해 청와대에는 33그루가 살아 있다. 기념식수는 대부분 한 그루씩 심었지만 직원들과 함께 여러 그루를 심은 경우도 있었다.

역대 12명의 대통령 기념식수 중 지금도 살아 있는 나무를 건별로 확인해 본다. 제1~3대 이승만 대통령재임 1948~1960 1건, 제4대 윤보선 대통령재임 1960~1962 0건, 제5~9대 박정희 대통령재임 1963~1979 1건, 제10대 최규하 대통령재임 1979~1980 1건, 제11~12대 전두환 대통령재임 1980~1988 3건, 13대 노태우 대통령재임 1988~1993 4건, 제14대 김영삼 대통령재임 1993~1998 4건, 제15대 김대중 대통령재임 1998~2003 2건, 제16대 노무현 대통령재임 2003~2008 3건, 제17대 이명박 대통령재임 2008~2013 4건, 제18대 박근혜 대통령재임 2013~2017 3건(5그루), 제19대 문재인 대통령재임 2017~2022 5건으로서 모두 31건(33그루)이다.

나무의 종류는 20종으로 소나무 8건, 무궁화 4건, 산딸나무 2건이며 가이즈카향나무, 구상나무, 느티나무, 독일가문비나무, 동백나무, 메타세쿼이아, 모감주나무, 배나무, 백송, 복자기, 서어나무, 은행나무, 이팝나무, 잣나무, 전나무, 주목, 화백은 모두 1건씩이다. 31건 중 이렇게 20건의 종種이 서로 다르니 굉장히 다양한 기념식수 수종이 선택되었음을 알 수 있다. 특별히 기준을 두고 수종을 선정하지는 않은 것 같으며 국내 자생종인지 외국 수입종인지도 따지지 않았다.

구상나무, 느티나무, 동백나무, 모감주나무, 배나무, 복자기, 산딸나무, 서어나무, 소나무, 이팝나무, 잣나무, 전나무, 주목의 13종이 우리나라 자생종이며 나머지 7종은 수입종이다. 수입 나무는 중국 원산은 메타세쿼이아, 백송, 은행나무의 3종이며 일본 원산은 가이즈카향나무, 화백의 2종이다. 그 외 중국 남서부와 중동 지방이 원산지인 무궁화, 유럽이 고향인 독일가문비나무가 있다. 특이한 점은 우리가 가장 좋아하는 소나무가 8건이나 들어가긴 했지만 문화유적지에 흔한 회화나무나 매화나무 등은 한 그루도 기념식수하지 않았다. 회화나무와 매화나무는 조선시대 지배계층인 고위 관리나 선비들이 좋아했고 그들의 문화와 관련성이 깊다. 어느 대통령이나 자세를 낮추어 일반 시민에게 가까이 다가가기를 원했으므로, 이런 나무들을 심었다가 서민적이지 않다는 불필요한 오해가 생길까 봐 꺼려한 것이 아닌가 싶다.

대통령별로 기념식수한 나무를 좀 더 자세히 알아보자.

이승만 대통령은 애견 '해피'를 데리고 기념식수하고 있는 1960년 3월 25일자 국가기록원 흑백사진이 남아 있다. 사진 속의 나무는 수형이나 가지 뻗음 및 잎 모양으로 약 10살 정도 된 전나무 묘목임을 알 수 있다. 또 사진의 위쪽 능선에 옛 본관의 지붕이 보이므로 장소는 오늘날의 상춘재 옆 계곡이다. 오늘날 이 자리에는 키 25미터, 둘레 한 아름의 전나무가 자라고 있다. 지금 나이는 70살이 조금 넘었다. 비록 팻말은 남아 있지 않지만 이 전나무는 이승만 대통령의 기념식수라고 확정할 수 있다. 219쪽 사진

윤보선 대통령은 기념식수 관련 자료가 없다.

박정희 대통령은 16년이나 청와대에 머물렀으므로 기념식수

를 많이 했다. 사진 자료로는 1972년 오동나무(추정), 1973년 수종 불명, 1976년 모감주나무 혹은 은행나무(추정), 1977년 스트로브잣나무(추정), 1979년 수종 불명 등 몇 그루가 있다. 그러나 살아남은 나무는 1978년 12월 23일 영빈관을 준공하고 기념으로 심은 가이즈카향나무 한 그루뿐이다.28쪽 사진 대부분 식목일 전후에 기념식수를 하나 이 나무는 한겨울에 언 땅을 파고 심었다. 그만큼 영빈관 준공이 보람되고 기뻤던 것 같다. 가이즈카향나무는 이름에서 보듯 일본을 연상할 수 있는 나무다. 친일 논란에 시달린 박정희 대통령이 나무의 특성을 알았다면 아마 심지 않았을 것이다. 지금 자라는 곳은 영빈관과 경비단 사이 담장 옆이다. 원래 영빈관 기둥 옆에 심었으나 나무의 상태가 나빠지자 옮겨 심었다고 한다. 2022년 기준으로 나이는 104살에 이른다.

최규하 대통령은 재임 기간이 채 1년이 안 된다. 1980년 4월 1일 기념식수한 독일가문비나무는 2022년 기준으로 78살이 되었다.363쪽 사진 이 나무는 원산지에 눈이 많이 오므로 겨울날 눈이 쌓여 가지가 꺾이지 않도록 잔가지나 잎들이 처음부터 아래로 처져 자라면서 대비를 한다. 이런 나무의 특성을 두고 그가 5공 군부 세력의 압박에 금방 굴복하여 대통령 자리를 내준 것에 비유하기도 한다. 같은 해 최 대통령은 상춘재 앞에 목련을 심었으나 남아 있지 않다.

전두환 대통령은 백송을 좋아했다고 한다. 수궁터와 상춘재에 백송을 심었으나 지금은 1983년 식목일에 심은 상춘재 앞 백송만 살아 있다.172쪽 사진 나이를 먹으면 껍질이 하얗게 되는 백송은 깨끗함과 고결함을 상징한다. 그러나 그가 집권 기간 내내 남긴 행적이 새하얀 백송의 상징성과는 전혀 어울리지 않는다. 이 백송은 2022년 기준으로 77살이 되었음에도 일반 백송과는 달리 검푸른 껍질 거의 그대로다. 그러나 호사가들은 2021년 그가 세상을 떠나고 난 다음부터 조금씩 흰빛이 보이기 시작한다고 이야기한다. 그래서 백송은 더욱 신비롭다.

침류각 위쪽 숲에는 같은 해 4월 29일 직원들과 같이 5살 된 잣나무와 화백 묘목 여러 그루를 심고 근처에 커다란 기념비석을 세웠다.469쪽 사진 2022년 현재 44살이나 되어 제법 깊은 맛이 나는 숲을 이룬다. 1986년 식목일에는 경호실 바로 뒤, 당시는 출입문이 있던 곳에 22살인 메타세쿼이아를 심었다. 2022년 현재 55살이 된 이 나무는 지금도 잘 자라고 있다. 그 외 1983년에 녹지원에 심은 계수나무, 1984년에 심은 소나무, 1987년 녹지원에 심은 느티나무는 없어졌다.

노태우 대통령은 역대 대통령 중에는 기념식수가 가장 많다. 재임 중 관저, 춘추관 등 신축 건물의 준공이 많았기 때문이다. 여덟 그루를 심었으나 현재 네 그루가 살아 있다. 서울 올림픽이 열리던 1988년 식목일에 심은 본관 앞의 구상나무는 서울 지방에선 가장 크고 아름답다.47쪽 사진 키 7미터, 둘레 91센티미터에 1960년생이니 회갑을 넘긴 고목나무다. 자생지에서도 삶이 편편

찮아 겨우겨우 살아가는 구상나무가 이곳에서 어떻게 건강하게 자랄 수 있을까? 아마 본관 옆으로 골목 바람이 불어 온도를 낮춰주고, 정성껏 돌봐준 덕분인 것 같다. 아쉬움이라면 열매가 잘 달리지 않는 것이다. 올림픽을 계기로 구상나무와 함께 나라의 웅비雄飛를 소망하지 않았나 싶다.

1990년 9월 29일 심은 춘추관 앞의 소나무는 2022년 기준 134살로 청와대 기념식수 중에는 나이가 가장 많다. 약 한 달 뒤인 10월 25일 관저 앞 회차로 가운데에도 소나무를 기념식수했다. 2022년 기준 나이는 125살이다. 두 곳 모두 비슷한 크기의 소나무가 세 그루씩 자라고 있는데, 대통령이 뿌리에다 마지막 흙한 삽을 얹은 나무에만 돌 팻말을 한 개씩 세웠으므로 기념식수는 각각 한 그루로 계산한다. 또 1992년 식목일 녹지원과 헬기장사이 녹지대에는 끈질긴 생명력을 가진 주목 한 그루를 심었다. 2022년 기준 나이가 61살이나 되었지만 늦게 자라는 나무라 아직자그마하다. 그 외 1989년 상춘재 앞에 심은 감나무, 1991년 관저앞에 심은 무궁화와 은행나무, 1992년 10월 30일 온실 신축 기념으로 심은 반송은 없어졌다.

김영삼 대통령은 취임 첫 해인 1993년 식목일, 본관 동별채 앞에 20살 무궁화 한 그루를 기념식수했다.23쪽 사진 외줄기로 자라는 보통의 무궁화와는 달리 줄기 아래부터 수많은 가지가 자라나 있는 특별한 모양새의 무궁화다. 지금 나이는 49살에 이른다. 네 개의 굵은 줄기가 붙어서 자라며 전체 밑 둘레는 130센티미터 정도다. 20여 개의 위로 뻗은 가지가 둥그스름한 수형을 만들고 있다.

　　이어서 취임 다음 해인 1994년 식목일, 수궁터에 당시 19살인 산딸나무를 기념식수했다.127쪽 사진 산딸나무는 하얀 꽃이 층층이 피는 모습이 아름다워 조경수로 잘 심는 나무기도 하다. 하지만 김영삼 대통령은 독실한 기독교 신자였기에 예수와 관련한 전설이 있는 나무를 선택하지 않았나 싶다. 문헌상 근거가 있는 것은 아니나 예수가 십자가에 못 박힐 때 쓰인 나무는 산딸나무 종류였다고 전하고 있다. 꽃잎처럼 보이는 싸개 네 장이 마주 보고 있는 꽃의 모습이 십자가를 닮기도 했다. 올해 나이 47살로 초여름에 피는 하얀 꽃이 볼 만하다. 1995년 식목일에는 관저 앞에 먹음직한 배가 열리는 18살 된 배나무 한 그루를 심었다.317쪽 사진 1996년 식목일에는 수궁터에 단풍나무보다 단풍이 더 곱기로 유명한 복자기를 기념식수했다.143쪽 사진 그 외 1994년 수궁터에 심은 백송은 없어졌다.

　　김대중 대통령은 2000년 6월 17일 첫 남북정상회담을 기념하여 영빈관으로 올라가는 계단 서쪽에 홍단심 무궁화를 기념식수하고 큼지막한 기념비석을 세워 나라사랑 나무임을 강조했다.19쪽 사진 당시 무궁화 전문가로 잘 알려진 성균관대 심경구 교수로부터 기증받았다고 한다. 그 외 북악산 입구 백악정에 2001년 4월 12일에 심은 느티나무는 2022년 기준 나이 37살이며 왕성하게 잘 자라고 있다. 느티나무는 시골마을의 당산나무로 서민들과 가장 가까운 나무다. 김대중 대통령은 시화문 앞 무궁화동산에 구상나무를 기념식수하기도 했지만50쪽 사진 다른 대통령에 비하여 기념식수가 적다.

　　노무현 대통령은 취임하던 해인 2003년 식목일 관저 회차로에 큰 소나무 한 그루를 기념식수했다. 원래 회차로에는 노태우 대통령이 기념식수한 소나무 세 그루가 자라고 있었으나 그중 한 그루가 죽어버리자 베어낸 빈자리가 있었다. 식수 담당 직원은 나무의 나이와 크기를 맞추느라 굵은 소나무를 골랐는데, 노무현 대통령은 막상 나무를 보고는 기념식수로는 너무 크다고 하면서도 직원을 탓하지 않고 그대로 심었다고 한다. 2004년 식목일에는 친환경시설 단지 안쪽에다 8살 된 어린 잣나무 여러 그루를 청와대 직원들과 함께 심고 앞쪽의 한 그루에다 표지석을 세웠다. 지금은 숲이 차츰 깊어가고 있다.

　　같은 해 5월 16일에는 백악정의 김대중 대통령이 심은 느티나무 옆에 25살 서어나무 한 그루를 기념식수했다.392쪽 사진 서어나무는 넓은잎나무 중 참나무 다음으로 우리나라에 많은 나무이나 꽃이 아름다운 것도, 먹을 수 있는 열매가 달리는 것도 아니며 줄기가 울퉁불퉁하여 땔감 이외에는 목재로도 쓰임새가 거의 없다. 우리 산에서 흔히 만나는 평범한 나무로 예부터 서민들의 곁에 가까이 있던 나무다. 특별히 청와대에 서어나무를 골라 기념식수한 것은 권위주의를 무너트리고 서민들과 눈높이를 맞추려 한 노무현 대통령의 국정철학과 연결되는 것 같다. 그 외 관저 앞에는 2004년에 무궁화와 배롱나무를 심었으나 확인하기 어렵다.

이명박 대통령은 2008년 식목일에 정문 안 교차로에 수관이 둥글어 반송으로 잘못 알기 쉬운 소나무를 심었다. 다음 해인 2009년 식목일에도 거의 같은 나이에 모양새도 꼭 닮은 소나무 한 그루를 녹지원 서쪽 입구에 심었다. 둘 다 2022년 기준으로 나이는 33~34살이며 모양새가 깔끔하고 정갈하다. 이어서 2010년 식목일에는 소정원에 팔목 굵기에 아담한 25살 된 무궁화를 기념식수했다. 37살이 된 2022년 현재 외줄기에 우산 모양의 단정한 생김새를 갖고 있다. 그는 퇴임 전해인 2012년 식목일에 20살 된 산딸나무 한 그루를 백악정에 심었다. 김영삼 대통령과 마찬가지로 독실한 기독교 신자인 그가 십자가를 만든 나무와 같은 종류로 알려진 산딸나무를 일부러 골라 심은 것으로 보인다.

박근혜 대통령은 이팝나무를 특별히 좋아했다고 전한다. 취임하던 해인 2013년 식목일 20살짜리 이팝나무 한 그루를 국회의원 시절의 지역구인 대구 달성군 옥포면 교항리 이팝나무 군락지에서 가져다 심었다.75쪽 사진 흰 쌀밥을 뜻하는 '이밥'에서 유래했다는 나무 이름대로, 가난했던 옛날 보릿고개라고 불렀던 5월 초면 꽃이 무더기로 피어 그릇에 수북이 담긴 흰 쌀밥을 연상시킨다. 아마 박근혜 대통령은 보릿고개를 극복했다는 아버지 박정희 대통령을 떠올리게 하는 이팝나무에 남다른 애정을 가졌던 것 같다.

이어서 2014년 식목일 수궁터에 심은 정이품송의 후계목인 소나무는 2022년 현재 19살이 되어 특유의 버섯 모양을 조금씩 갖춰가고 있다. 2015년은 광복 70주년이 되는 해였다. 이를 기념하여 박 대통령은 식목일에 청와대 직원들과 함께 녹지원과 상춘재 마당 사이에 12살 된 무궁화 세 그루를 모아 심었다. 주위에도 여러 그루를 심어 청와대 경내에 작은 무궁화동산을 만들었다.

문재인 대통령은 취임 다음 해인 2018년 식목일 여민1관 북쪽 문 앞에 서울의 은평 뉴타운 개발지역에서 옮겨 온 65살 소나무를 심었다. 165쪽 사진 모양새가 정이품송을 닮아 아름다운데, 우리 민족의 늘 푸른 기상을 나타내면서 개방과 소통을 강조하는 의미도 부여했다고 한다. 2019년 식목일에는 20살 된 동백나무를 전남 완도에서 가져와 기념식수했다. 203쪽 사진 동백나무는 서남해안의 난대 지방에 자라는 나무로 문 대통령이 유소년기에 항상 만나 친숙했을 나무다. 2020년 식목일에는 여민2관과 경호실의 앞마당인 버들마당에 곧고 모양새 좋은 17살 된 정이품송 후계목 소나무 한 그루를 심었다.

2021년 식목일에는 백악정으로 올라가는 쉼터에 21살짜리 은행나무를 심었다. 지금은 자리를 잡아가고 있는 중이다. 문 대통령은 여민1관 집무실에서 온실과 헬기장 쪽으로 내려다보이는 큰 모감주나무에 특별히 관심을 갖고 좋아했던 것 같다. 2022년 식목일에는 마지막 기념식수로 녹지원 동편에 제19대 대통령을 상징하는 19살짜리 모감주나무를 심고 임기를 마쳤다.

① 낙우송
② 앵두나무
③ 미선나무
④ 사과나무
⑤ 장미
⑥ 배나무
⑦ 복사나무
⑧ 황매화
⑨ 모란
⑩ 계수나무
⑪ 오리나무
⑫ 조릿대
⑬ 모감주나무
⑭ 잣나무
⑮ 독일가문비나무

⑯ 사철나무
⑰ 보리수나무
⑱ 야광나무
⑲ 명자나무
⑳ 화살나무
㉑ 서어나무

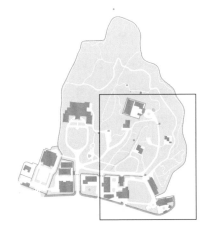

청와대의 대통령 관저는 1990년에 전통 한옥 양식으로 지은 건물이다. 잘 다듬어진 소나무 몇 그루가 있어 한옥의 품위를 높여주고, 잔디가 깔린 마당 가장자리 담장 주변에는 여러 꽃나무와 수많은 우리 야생화를 심었다. 관저 출입문인 인수문 앞 회차로 가운데에는 노태우 대통령과 노무현 대통령이 심은 아름드리 소나무 세 그루가 서 있다. 주변에는 여러 과일나무와 꽃나무를 심어 관저 앞을 한층 풍성하고 아름답게 만들고 있다. 김영삼 대통령이 심은 배나무 한 그루도 만날 수 있다. 수궁터로 내려가는 비탈길에는 10여 그루의 키 큰 스트로브잣나무가 자라며, 키 20미터에 둘레 거의 한 아름에 이르는 낙우송 몇 그루가 우람한 덩치를 자랑한다.

관저에서 춘추관 쪽으로 잠시 내려가면 침류각枕流閣 입구에 이른다. 침류각은 1900년대 초에 지어진 것으로 추정되며 원래 관저 자리에 있었으나 관저를 신축하면서 지금의 자리로 옮겼다. 입구 기슭에는 키 22미터, 둘레 한 아름 반에 달하는 오리나무 고목 두 그루가 눈에 들어온다. 침류각 건물 서쪽에는 아름드리 메타세쿼이아 세 그루와 낙우송 일곱 그루가 모여 작지만 품위 있는 숲을 만든다. 침류각에서 되돌아나와 춘추관 가는 길가에는 자주목련 한 그루가 있다. 더 내려가면 춘추관으로 통하는 문이 나오는데, 그 한쪽에는 키 21

미터, 둘레 한 아름이 넘는 회화나무 고목 한 그루가 포장도로 가운데서 힘겹게 자리를 지키고 있다.

남쪽으로 보이는 넓은 잔디밭은 헬기장이다. 헬기장과 녹지원 사이 작은 숲의 모감주나무 세 그루는 키 14미터, 둘레가 한 아름이나 되는 큰 나무이며 6월 하순경 샛노란 꽃이 나무 전체를 뒤덮을 때는 황금궁전이 연상될 만큼 장관을 이룬다. 기념식수로는 최규하 대통령의 독일가문비나무와 노태우 대통령의 주목이 자란다. 헬기장 동쪽에는 온실이 있다. 온실 입구에는 키 7.5미터, 직경 30센티미터의 보리수나무가 구부정하지만 건강하게 자라고 있다. 산에서 흔히 만나는 보리수나무는 다 자라도 키 3~4미터 정도의 작은 나무가 대부분이다. 이렇게 큰 보리수나무는 좀처럼 만나기 어렵다. 헬기장 쪽 온실 옆으로는 바늘잎나무를 위주로 넓은잎나무를 적절히 섞어 심어 온실 유리의 반사광이 헬기 이착륙에 방해가 안 되도록 배려했다. 춘추관은 대통령의 기자회견 장소와 출입 기자들의 사무실로 사용되던 건물로서 1990년 지어졌다. 이를 기념하여 노태우 대통령이 그 앞에 세 그루의 소나무를 심었다.

낙우송

Bald cypress / 落羽松

* * *

새가 날개를 편 모양의 잎을 달고 있는 바늘잎나무

과명	학명
측백나무과	*Taxodium distichum*

낙우송은 쭉쭉 뻗은 곧은 줄기와 긴 원뿔형의 아름다운 모습이
우리에게 익숙하지 않아 이국적으로 보인다. 약간 납작한 잎이
가지 끝에 양옆으로 새가 날개를 편 모양으로 달려 있다. 잎이
하나씩 혹은 잎자루째로 떨어진다. 그래서 낙우송의 우는 날개
우羽이며, 송松이 들어갔지만 소나무와는 아무런 관련이 없다.

크게 자라며 오래 사는 나무로 유명한 낙우송. 수궁터에서 관저로 올라가는 길에 군락을 이룬다.

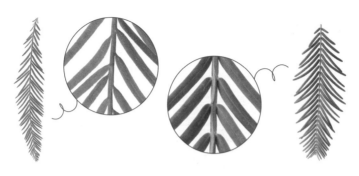

낙우송 잎은 어긋나기로 달리고 메타세쿼이아 잎은 마주나기로 달린다.

오히려 삼나무에 가깝다. 수궁터에서 올라가는 관저 아랫길에는
아름드리 큰 낙우송들이 도열하듯 서 있다. 침류각 입구의 작은
숲에도 낙우송과 메타세쿼이아가 섞여 자라고 있다. 낙우송과
메타세쿼이아는 옅은 회갈색에서 적갈색의 껍질을 갖고 있으며
모양새도 비슷하여 혼동하기 쉽다. 낙우송은 잎 하나하나가 서
로 어긋나기로 달리고 메타세쿼이아는 마주나기로 달리는 차이
점으로 구별할 수 있다. 둘 다 바늘잎나무이지만 늘푸른나무는
아니어서 겨울에 잎이 진다.

　낙우송의 고향은 미국 플로리다주州 미시시피강 하구 저습
지다. 축축하고 습한 땅, 심지어 물속에서도 자라야 하는 환경이
니 나름 살아남을 대책이 필요했다. 어느 정도 나이를 먹은 낙우
송의 뿌리 부분에는 볼록볼록 솟아 오른 돌기가 생긴다. 바로 무

침류각 입구에는 낙우송 일곱 그루와 메타세쿼이아 세 그루가 모여 작은 숲을 이룬다.

단풍이 든 잎과 열매, 낙우송 특유의 무릎뿌리.

릎뿌리슬근膝根, knee root, cypress knee다. 끝이 무릎처럼 둥글고 뾰
족하거나 울퉁불퉁하여 붙은 이름이다. 높이 한두 뼘 정도의 작
은 무릎이 수없이 생긴다. 정확한 기능은 명확하게 밝혀져 있지
않지만 연약한 지반을 보강하고 저습지에서 호흡에 도움을 주는
것으로 짐작된다. 관저 아랫길 끝의 낙우송에는 한 뼘 남짓한 무
릎뿌리 하나가 귀여운 모습으로 자라고 있다.

　낙우송은 오래 살고 크게 자라는 나무로 유명하다. 원산지
에서는 나이 800~3000살에 이르는 나무도 드물지 않게 만날 수
있으며 큰 것은 키 50미터, 둘레 12미터가 넘는 거대한 몸집을
자랑한다. 낙우송 목재는 나뭇결이 고우며 가볍고 연하여 가구
재를 비롯한 각종 기구, 건축재, 선박재 등으로 널리 쓴다. 그러
나 우리나라에서는 목재로 쓰기 위해서가 아니라 정원수로 심는

다. 나무말은 쭉쭉 뻗은 줄기와 독특한 잎 모양이 웅장하고 시원 시원한 느낌을 주어 '대담함'이다. 그 외 '좋은 가정', '기지가 넘 침', '복을 이룸' 등도 있다.

비슷한 나무로 메타세쿼이아Metasequoia가 있다. 메타meta는 '다음', '뒤'란 뜻이니 메타세쿼이아란 이름은 세쿼이아Sequoia의 뒤를 이을 나무, 즉 '새로운 세쿼이아'란 뜻이다. 이 나무는 은행 나무와 함께 '살아 있는 화석 나무'로 널리 알려져 있다. 메타세 쿼이아는 1939년 일본의 신생대 화석에서 처음 발견되었다. 약 100~300만 년 전만 해도 일본을 비롯한 동아시아에 널리 자라 고 있었던 것이다.

화석으로만 남았다고 생각했던 메타세쿼이아는 6년 뒤인 1945년에 살아서 발견된다. 중국 장강 상류의 지류인 쓰촨성 리 촨시利川市 마타오치磨刀溪에서다. 이 일대를 순찰하던 왕잔王戰 이라는 산림공무원은 사당 부근에 자라는 큰 신목神木과 마주친 다. 그는 표본을 만들어 베이징대에 보냈으며 이 나무가 바로 화 석으로만 발견되었던 메타세쿼이아라는 사실이 밝혀지게 된다. 정밀 조사 결과 약 4천 그루가 마타오치 부근에 자라고 있었다 한다. 본격적인 연구와 번식은 미국의 아놀드식물원에서 시작되 었다. 우리나라에는 1960년대 초 미국에서 일본을 거쳐 전남대 에 처음 들어온 후 가로수나 조경수로 전국에 퍼졌다.

앵두나무

Nanking cherry / 櫻桃, 鶯桃

• • •

세종대왕도 좋아하셨던, 가장 먼저 익는 첫 과일

과명	학명
장미과	*Prunus tomentosa*

앵두는 크기가 작고 핵과라서 씨앗을 빼고 나면 과육이 별로 없다. 지금은 과일에 넣지도 않지만 각종 과일 중에 가장 먼저 익기 때문에 옛사람들은 귀하게 여겼다. 냉장고가 없던 시절, 과일 마니아들은 앵두를 기다릴 수밖에 없었다. 앵두는 지름 1센티미터 정도의 동그란 열매다. 속에는 딱딱한 씨앗 하나를 품고 있으

관저 입구에서 흰 꽃을 가득 피운 앵두나무.

앵두나무의 분홍색 꽃, 익을수록 붉게 윤이 나는 열매.

며, 겉은 익을수록 반질반질 윤이 나는 매끄러운 빨간 껍질로 둘러싸여 있다. 잘 익은 앵두의 빛깔은 진하고 붉다. 티 없이 맑고 깨끗하여 바로 속이 들여다보일 것 같은 착각에 빠지게 한다. 청와대 곳곳에 자라지만 특히 관저 출입문인 인수문 옆의 앵두가 붉은빛이 더 진한 것 같다.

　이 자그마한 과일이 우리의 역사서나 시문집에 흔히 등장한다. 우리나라 역대 시문선집인 《동문선東文選》에는 최치원이 앵두를 보내준 임금에게 올리는 감사의 글이 실려 있다. "온갖 과일 가운데서 홀로 먼저 성숙됨을 자랑하며, 신선의 이슬을 머금고 있어서 진실로 봉황이 먹을 만하거니와 임금의 은덕을 입었음에 어찌 꾀꼬리에게 먹게 하오리까." 앵두는 이렇게 임금이 신하에게 선물하는 품격 높은 과일이었다.

조선 세종과 성종도 앵두를 무척 좋아했다고 한다. 효자로 이름난 문종은 세자 시절 앵두를 좋아하는 아버지 세종에게 드리려고 경복궁 후원에 손수 앵두나무를 심었다고도 알려져 있다. 성종 25년(1494)과 연산군 3년(1497)에도 철정이라는 관리가 임금께 앵두를 바쳐 각궁角弓을 하사받았다는 기록이 있다. 이렇게 앵두 한 쟁반에 임금의 환심을 살 수 있는 낭만적인 때도 있었다.

　　앵두는 임금님의 제사에 제물祭物로도 귀하게 여겨졌다. 《고려사高麗史》에서 제사 의식을 기록한 길례吉禮 부분을 보면, "4월 보름에는 보리와 앵두를 드리고…"라 했으며, 조선에 들어와서도 태종 11년(1411) 임금이 말하기를 "종묘에 앵두를 제물로 바치는 것이 의례의 본보기"라고 했다. 익는 시기가 빠르고 맛 또한 달콤하여 조상에 바치는 과일로서 손색이 없었다.

　　앵두나무는 중국 북서부가 고향이다. 처음에 열매가 꾀꼬리처럼 아름답고 먹기도 하며 생김새는 작은 복숭아 같다고 꾀꼬리 앵鶯을 써서 앵도鶯桃라 하다가 앵도櫻桃로 바뀌었으며 지금은 표준어로 앵두라고 한다. 꽃말은 '향수', '존중', '생명', '기다림', '수줍음' 등이다.

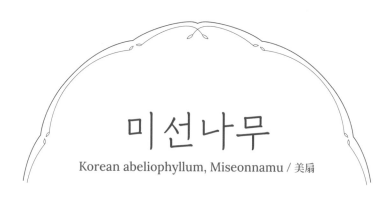

미선나무

Korean abeliophyllum, Miseonnamu / 美扇

* * *

부채를 닮은 열매를 다는 우리나라 특산 나무

과명	학명
물푸레나무과	*Abeliophyllum distichum*

청와대 관저 앞 정원에는 3월 말경 봄이 왔음을 알려주는 나무가 있다. 미선나무다. 꽃은 아예 하얗거나 분홍빛을 띠는데, 꽃이 잎보다 먼저 피는 허리춤 남짓의 자그마한 나무다. 미선尾扇은 둥그스름한 모양의 고급 부채다. 대나무를 얇게 펴서 모양을 만들고 그 위에 물들인 한지를 붙인 것인데, 궁중의 의식에 사용

세계 어디에도 없고 오로지 우리나라에서만 자라는 미선나무.

미선나무의 하얀 꽃, 둥글고 납작해 부채를 닮은 열매.

되었다. 처음 미선나무를 발견하여 이름을 붙일 때, 열매 모양이 이 부채를 닮았다고 하여 미선나무라 했다. 동전보다 살짝 큰 동 그랗고 납작한 열매의 가운데에 씨가 들어 있고 주위는 얇은 종 이 같은 미선나무의 날개열매는 손잡이만 달면 영락없는 작은 미선의 모습이 된다.

미선나무는 1917년 우리나라 식물을 조사하던 식물학자 정 태현 선생이 충북 진천에서 처음 채집하고, 이어서 일본인 나카 이 박사와 함께 신종新種임을 확인했다. 식물을 학술적으로 나 눌 때 비슷한 종種을 묶어서 속屬, 속을 묶어서 과科로 정한다. 종이 우리나라에만 자라는 경우는 더러 있어도 종보다 단위가 한 단계 위인 속이, 세계의 아무 곳에도 없고 우리 강산에만 자 라는 경우는 흔치 않다. 놀랍게도 새로 발견한 미선나무는 비교적 자손이 많은 대종가인 물푸레나무과의 새로운 속으로 이름을 올려야 했던 것이다. 미선나무속은 다른 종의 형제를 두지 못해 대대로 미선나무 혼자만 있는 외로운 가계다.

이후 미선나무는 충북 진천 이외에 괴산, 영동 그리고 전북 부안 등 한반도 중남부 지방에서 자생지가 확인되었고 모두 천연기념물로 지정되었다. 사람들이 여기저기 심어도 기후나 땅을 별로 가리지 않는 것으로 보아 한정된 곳에만 자라는 까다로운 나무는 아닌 것 같다. 우리가 알 수 없는 이유 때문에 한반도의 구석으로 밀려나 간신히 생명을 부지하고 있었던 것이다.

꽃이나 잎 모양이 개나리를 무척 닮았다. 그러나 새하얀 꽃이 크기도 작으며 피는 시기도 더 빨라 분명히 속屬이 다른 집안임을 드러내고 있다. 꽃 색깔이나 모양새가 약간씩 다른 분홍미선, 푸른미선, 둥근미선 등의 품종이 있다. 청와대 경내에는 관저 앞 이외에 친환경시설 단지 등에서 자라고 있다.

사과나무

Common apple / 沙果

* * *

임금林檎에서 능금을 거쳐 사과까지

과명	학명
장미과	*Malus pumila*

사과는 조선 중기 효종 때 중국에서 전래되었다고 하나, 우리가 지금 먹고 있는 '개량 사과'가 재배되기 시작한 것은 그리 오래지 않았다. 수많은 품종 연구가 진행되었고, 일제강점기와 광복 후에는 국광과 홍옥이 가장 친숙한 품종이었다. 1970년대 후반 신맛이 적고 단맛이 강하며 보관성까지 좋은 품종인 '후지부사'가

과일나무를 대표하는 사과나무. 현재 우리가 먹는 개량 사과의 재배 역사는 길지 않다.

연분홍빛이 감도는 흰 꽃, 햇볕을 많이 받을수록 더욱 붉게 익는 사과.

보급되면서 한때 사과 밭의 거의 80퍼센트 가까이를 점령하기도 했다. 2000년 이후는 후지 재배 면적이 지속적으로 감소하고 국내에서 육성된 홍로 등이 보급되면서 품종 구성이 다양화되는 추세다.

우리 산에 자라던 재래종 사과도 있었다. 옛 우리 문헌에서 흔히 찾을 수 있는 임금林檎, 내柰, 빈과蘋果 등은 재래종 사과를 일컫는 이름이다. 특히 '임금'이 많이 등장하며 이는 '능금'의 어원이기도 하다. 사과沙果는 《성종실록》에 처음 등장하며 《훈몽자회訓蒙字會》에 "금檎은 능금 금으로 읽고 속칭 사과라고 한다"라고 실려 있다. 사과는 중국에서 들어온 능금 종류였고, 우리 것과 구별하기 위해 중국 이름 그대로 사과라고 한 것으로 보인다. 능금과 사과는 오랫동안 뒤섞여 사용되었으나 개화기 이후에는 능금이 더 많이 사용되었다. 옛 신문을 검색하면 1970년 대 이전에는 사과보다 능금이 압도적으로 많이 나온다. 하지만 오늘날은 능금이란 말이 거의 없어지고 사과로 통일되다시피 했다. 청와대 경내에선 관저 앞 사과가 가장 예쁘고 먹음직하다. 조경 담당 직원들의 정성이 가득한 이 사과는 수확하여 바로 옆의 관저로 보냈을 것이다. 이외에도 친환경시설 단지 등에서 사과나무를 만날 수 있다.

청와대 뒤편 북악산 넘어 부암동 백사실 별서 터 옆에는 약 400여 년 전 개성에서 씨앗을 가져다 임금님에게 올릴 능금을 재배하던 과수원이 있었다. 1990년대까지만 해도 400여 그루가 자라고 있었다 하나 지금은 거의 없어져버리고 '능금나무 터'라는 이름만 남아 있다.

사과는 동양보다 서양 사람들의 문화에 깊숙이 들어가 있다. 성경에는 인류의 조상인 아담과 하와가 에덴동산에서 금단의 열매를 따먹었다가 그곳에서 쫓겨나는 이야기가 있다. 이 금단의 열매가 사과라고 한다. 또 그리스신화에 나오는 트로이의 왕자 파리스는 불화不和의 여신 에리스가 던진 황금사과를 사랑의 여신 아프로디테에게 줌으로써 급기야 트로이 전쟁이 일어나게 한다. 그래서 오늘날에도 분쟁을 가져오는 불씨를 '파리스의 사과'라고 한다. 그 외에도 활쏘기의 명수 '윌리엄 텔의 사과', 만

꽃사과나무 꽃무리.

유인력을 발견한 '뉴턴의 사과', 근래에는 스티브 잡스의 회사 '애플'까지 서양 문화에서 사과는 큰 비중을 차지하고 있다. 꽃말은 사과는 '유혹'과 '후회', 꽃은 '명성'과 '선택', 나무는 '명예' 등이다.

주변의 공원이나 큰 공공건물 앞에선 가을에 구슬 크기의 아기 사과를 다는 나무를 흔히 만날 수 있다. 꽃사과나무다. 열매가 대체로 작은 새알만 하지만 제법 굵은 것도 있으며, 붉은색이 가장 많다. 사과 모양의 특징이 잘 나타나며 꽃받침 자국이 선명하게 남아 있다. 봄날이면 거의 나무 전체를 뒤덮어버릴 만큼 많은 꽃이 잎과 함께 핀다. 진분홍색의 꽃이 대부분이지만 원예품종은 하얀 꽃이 피기도 한다. 나무는 키 5~6미터, 지름은 한 뼘 정도이며, 아름드리로 자라는 나무는 아니다. 잎은 타원형으로 가장자리에 톱니가 있고, 잎의 앞뒷면에 털이 있어서 희끗희끗하게 보이기도 한다. 열매와 마찬가지로 잎이나 껍질도 사과나무를 많이 닮았다.

비슷한 종류인 서부해당화와 꽃아그배나무를 아울러 한꺼번에 '꽃사과'라고 부르는 경우도 많다. 이들 셋은 서로 구별이 어렵고 상호 간, 혹은 야광나무나 아그배나무와의 교잡종이 수없이 많아서 특징을 딱히 나누어 말하기는 어렵다.

장미

Rose / 薔薇

* * *

담장에 걸쳐 자란다고 우리는 장미,
꽃이 붉다고 서양은 로즈

과명	학명
장미과	*Rosa hybrida*

장미薔薇라는 글자를 풀어보자. 장薔은 담벼락[嗇]을 따라 잘 자라는 덩굴식물[艹]을 뜻하고, 미薇는 글자 자체가 장미를 나타낸다. 또 《본초강목》에서는 장미薔蘼라 쓰고 줄기가 쓰러져서[蘼] 담장에 기대어[薔] 자란다고 했다. 아마 덩굴장미를 먼저 심고 가꾸기 시작한 것 같다. 영어 이름 로즈Rose는 장미가 원래 붉은

늦봄부터 초가을까지 다양한 색의 꽃이 피는 관저 앞의 장미 화단.

홑꽃에서 겹꽃까지 모양과 빛깔이 다양한 장미꽃.

꽃임을 뜻한다. 동양의 이름 장미는 생태적인 특성을 보고 붙인 이름이고, 서양의 이름인 로즈는 아름다운 꽃의 색을 보고 지은 이름이다.

장미라고 부르는 나무는 장미과 장미속에 들어가는데, 북반구의 한대, 아한대, 온대, 아열대에 걸쳐 자라며 약 200종에 이른다. 아름다운 꽃이 피고 향기가 있어 관상용 및 향료용으로 키우고 있다. 장미는 그리스·로마시대에 서아시아와 유럽 지역의 야생종과 이들의 자연교잡으로 태어난 변종이 재배되고 있었으며, 이때부터 르네상스시대에 걸쳐 유럽 남부 사람들이 주로 심고 가꾸기 시작했다. 중국에도 야생 상태의 장미 종이 있으며《삼국사기》에도 기록이 나온다.

신라 중기의 학자 설총이 왕이 지켜야 할 도리를 적은 〈화왕

계花王戒〉에는 다음과 같은 내용이 있다. "저는 눈처럼 흰 모래 사장을 밟고, 거울같이 맑은 바다를 마주 보며, 봄비로 목욕하여 때를 씻고, 맑은 바람을 상쾌하게 쐬면서 유유자적하였습니다. 이름은 장미薔薇라고 합니다." 이렇게 장미가 등장하는 것으로 봐서는 삼국시대부터 중국에서 수입하여 즐겨 심은 것으로 짐작된다. 다만 이 글 속의 장미는 바닷가 모래사장에서 산다고 하니 실제로는 해당화로 보인다.

　　장미는 줄기의 자라는 모양에 따라 덩굴장미(줄장미)와 나무장미로 크게 나뉜다. 수많은 품종이 있고 각기 모양이 다르다. 대부분 줄기는 녹색을 띠며 가시가 있고 자라면서 늘어지는 경향이 있다. 꽃은 품종에 따라 피는 시기와 기간이 다르고 홑꽃에서 겹꽃까지 모양과 빛깔도 달리한다. 청와대에서는 관저 앞 정원과 버들마당 등에서 장미를 만날 수 있다. 1995년 6월 16일 김영삼 대통령의 부인 손명순 여사는 유엔 창립 50주년을 맞아 진행된 '유엔평화장미' 식수사업의 일환으로 장미 열 그루를 경내에 심기도 했다. 꽃말은 '사랑'과 '아름다움'이며 또 꽃 색깔에 따라 붉은 장미는 '애정' 혹은 '아름다움', 백장미는 '순결', 핑크색 장미는 '감명', 황색 장미는 '질투' 혹은 '우정' 등이다.

배나무

Pear tree / 梨

* * *

꽃도 과일도 우리와 친숙한 배나무

과명	학명
장미과	*Pyrus pyrifolia var. culta*

배나무는 다른 나무보다 조금 늦게 4월 중하순 새하얀 꽃으로 한 해를 시작한다. 그것도 몇 개의 꽃이 아니라 커다란 나무를 온통 뒤덮을 만큼 수많은 꽃을 피운다. 흰빛이 주는 고고함에 애처로움이 배어 있고, 다소곳하면서도 때로는 아쉬움이 묻어 있는 그런 느낌이다. 그래서 과일나무이면서 꽃으로도 뭇사람들의 사랑

꽃나무로도 많은 사람들에게 사랑받는 배나무. 김영삼 대통령이 관저 앞에 기념식수했다.

순백의 하얀 꽃, 맑은 황갈색으로 익는 개량종 배.

을 받아왔다. 배꽃을 노래한 수많은 시가 있지만 조선 명종 때의 부안 기생 매창이 소식이 끊긴 애인 유희경에게 보낸 시 한 수가 가슴에 와 닿는다. "이화우梨花雨 흩날릴 제/ 울며 잡고 이별한 님/ 추풍낙엽에 저도 날 생각할런가/ 천 리에 외로운 꿈만 오락 가락 하노매."

　　배나무는 멀리 삼한시대부터 심어 배를 따 먹었다는 이야기 가 전할 정도로 오랜 역사를 간직한 과일나무다. 고구려 양원왕 2년(546) "왕도의 배나무가 연리連理되었다"라는 《삼국사기》의 내용이 배나무와 관련된 가장 오래된 우리 기록이다. 여기에 나 오는 배나무는 우리 산에 예부터 자라던 돌배나무이며, 이후 집 주위에 한두 그루씩 자리 잡으면서 과일나무로 자리매김했다. 세월이 지나면서 사람들은 특히 맛 좋은 열매가 달리는 배나무를 골라내어 참배, 취앙네, 고실네, 청실배, 함흥배, 봉화배, 합실배 등 정겨운 품종 이름을 붙여서 개화기 이전까지도 곳곳에서 재배했다. 특히 청실배[靑實梨]는 우리와 가장 친근한 품종이었다. 서울 태릉 일대가 아파트 단지로 변하기 전까지 먹골배라는 이름으로 우리의 미각을 자극하던 추억의 배도 대부분 청실배였다. 백성이 먹으면 먹골배, 양반이 먹으면 청실배라고 했다는 것이다.

오늘날 우리가 먹는 배는 모두 개량종이다. 돌배나무를 개량한 일본 배나무가 거의 대부분이며, 그중에서 '신고'라는 이름의 배가 80퍼센트 이상을 차지한다. 하지만 과즙이 과하고 단맛도 너무 강해, 오히려 아삭아삭한 맛이 일품이었던 옛 돌배에 대한 향수를 불러일으킨다.

배나무는 목재로서 쓰임도 넓다. 속살이 매우 곱고 치밀하여 글자를 새기는 목판의 재료로 그만이다. 팔만대장경은 산벚나무 다음으로 돌배나무로 만든 경판이 많다. 청와대 경내에는 관저 앞 정원에 1995년 김영삼 대통령이 심은 배나무가 지금도 건강하게 잘 자라고 있다. 이외에 친환경시설 단지에서도 배나무를 만날 수 있다. 우리 돌배나무도 한 그루쯤 있으면 좋을 것 같다. 꽃말은 '애정', '위안', '안락', '치유' 등이다.

복사나무

Peach / 桃

* * *

하늘나라 신선도 좋아하던 과일

과명	학명
장미과	*Prunus persica*

복사나무는 중국 서북부가 원산지로서 재배 역사가 굉장히 오래
된 과일나무다. 우리 기록으로는 백제 온조왕 3년(16) '복사나무
꽃과 자두나무 꽃'이 피었다는 《삼국사기》의 내용이 처음이다.
이후 복숭아는 자두와 함께 도리桃李라 하여 우리 문헌에 자주
등장한다. 복숭아는 세월이 지나면서 사람뿐만 아니라 차츰 신

연분홍 꽃이 활짝 핀 복사나무. 관저 앞에 봄이 무르익고 있다.

안견의 〈몽유도원도〉 중 복사꽃이 만발한 도원경 부분.

선이 먹는 과일로 품격이 올라갔다. 복사나무에 대한 수많은 전설이 만들어지고 민속이 얽혀 들었다. 고대 중국의 전설에 나오는 신선 서왕모西王母는 곤륜산에 복숭아밭을 가지고 있었다. 이 복숭아는 3천 년에 한 번 열리는데 장수의 상징인 동방삭은 이를 훔쳐 먹고 삼천갑자, 즉 18만 년을 살았다고 한다. 복숭아를 신선이 먹는 불로장생의 과일로 받아들이게 된 시발점이다.

　복사나무 화사한 분홍 꽃은 옛사람들의 시가에 단골로 등장하며, 이상향의 상징이기도 했다. 도연명의 〈도화원기桃花源記〉에는 무릉도원武陵桃源 이야기가 나온다. 중국 진晉나라 때 한

어부가 길을 잃어 굴을 지나 안을 들어갔더니 복사꽃이 아름답게 핀 넓은 땅에서 사람들이 평화롭게 농사를 짓고 있었다. 난리를 피해 이곳에 들어왔는데 하도 살기 좋아 200여 년의 세월이 지난 줄도 몰랐다고 한다. 세종 29년(1447) 안평대군은 꿈속에서 박팽년과 함께 본 복사나무 숲의 경치를 화가 안견에게 이야기하여 사흘 만에 그림을 완성케 했다고 한다. 이 그림이 〈몽유도원도夢遊桃源圖〉다.

《동의보감》을 보면 복사나무 잎, 복사꽃, 복숭아, 복숭아씨[桃仁], 말린 복숭아, 복사나무 속껍질, 복사나무의 나뭇진을 비롯하여 심지어 복숭아 털, 복숭아벌레까지 모두 약으로 쓰였다. 그래서 유난히 벌레가 많은 옛 복숭아를 먹을 때는 흔히 으스름 달밤을 택했다. 벌레도 약이 된다는 것은 알고 있으나 그냥 먹을 수는 없으니 벌레가 잘 보이지 않도록 어둠 속에서 먹은 것이다. 다만 불을 밝혔을 때 벌레가 기어 다니는 것은 그러려니 하는데, 벌레 반 토막이 보이면 질겁할 수밖에 없었을 것이다.

복사나무에는 귀신을 쫓아낸다는 상징성이 있다. 오래 전부터 사람들은 특히 동쪽으로 뻗은 복사나무 가지가 잡스런 귀신들을 쫓아낸다고 믿었다. 무당이 살풀이할 때는 복사나무의 가지로 활을 만들어 화살에 메밀떡을 꽂아 밖으로 쏘면서 주문을 외기도 한다. 제사를 모시는 사당이나 집에는 복사나무를 심지

1. 분홍 복사꽃
2. 꽃잎이 여러 겹인 만첩홍도 꽃
3. 진분홍색의 풀또기 꽃
4. 눈부시게 하얀 옥매 꽃

않으며, 제사상의 과일에도 절대로 복숭아를 올리지 않는다. 이유가 있다. 중국의 전설이 많이 실려 있는 《회남자淮南子》에 활쏘기의 명수였던 하나라의 예羿라는 사람이 등장한다. 어느 날 열 개의 태양이 떠올라 곡식을 모두 말려 죽이므로 예가 활을 쏘아 아홉 개를 떨어트리고 한 개만 남겨두었다고 한다. 그러나 예는 재주를 믿고 너무 함부로 굴어 한착寒浞이라는 사람이 복사나무로 만든 큰 방망이로 후려쳐서 죽여버렸다. 이후 모든 귀신들이 복사나무를 무서워하게 되었다고 한다.

꽃말은 '멋진 만남', '사랑의 노예', '천하무적' 등이다. 복사나무는 관상용으로 개량된 여러 품종이 있다. 복사나무와 같으나 홑꽃이 아니고 꽃잎이 첩첩이 여러 겹인 만첩홍도와 만첩백도도 있다.

복사나무와 달리 관목으로 포기를 이루어 자라고 잎이 세 갈래 또는 깊이 패인 모양으로 갈라지는 풀또기가 관저 앞 정원에 자란다. 풀또기 꽃은 진분홍 꽃잎이 겹겹이 쌓여 다닥다닥 붙어 피는데, 가지가 온통 꽃방망이로 덮인 것처럼 보인다. 꽃봉오리는 진한 분홍색이었다가 꽃잎이 활짝 열리면 연분홍색이 된다. 다른 어떤 꽃 못지않게 화려하고 화사하다. 다만 생식 기능은 잃은 석화石花다. 풀또기와 비슷하나 꽃이 하얀 옥매玉梅도 있다. 포기를 이루어 자라면서 꽃 수백 개가 갸름한 잎 사이사이에 모여 달린다. 옥처럼 눈부시게 새하얗고 매화를 닮은 꽃이라 하여 옥매라 할 뿐 매화나무와는 관련이 없다.

황매화

Kerria rose / 黃梅花

* * *

매화와 닮은 노란 꽃이 피지만 매화는 아니에요

과명	학명
장미과	*Kerria japonica*

매화와 산수유로 시작한 청와대의 봄은 목련과 진달래에 이어
벚꽃이 지며 점점 깊어간다. 이즈음, 침류각 마당이나 상춘재 앞
뜰에서 노란 꽃을 피우는 자그마한 나무를 만날 수 있다. 잎과
함께 피는 노란색 꽃이 매화를 닮았다 하여 황매화黃梅花다. 반
쯤 그늘이 지고 약간 습한 땅에 잘 자라므로 주로 정원의 한구석

침류각 기단 아래의 황매화. 매화를 닮은 노란 꽃이 핀다.

홑꽃잎을 가진 황매화 꽃, 죽단화라 불리는 겹황매화 꽃.

에 흔히 심는다. 초록색의 가느다란 줄기가 여럿 모여 포기를 이루어 자라며 사람 키 남짓에 가지가 처진다. 황매화는 홑꽃으로서 다섯 장의 꽃잎을 활짝 펼치면 500원짜리 동전 크기를 훌쩍 넘긴다. 가을에 팥알 굵기의 흑갈색 열매가 3~5개씩 달린다.

옛 선비들은 매화가 지는 것을 아쉬워해 매화와 조금이라도 닮았으면 흔히 매梅 자를 넣어 이름을 붙이곤 했다. 황매화는 매화와 같은 장미과에 들어가지만 이름을 빌려다 쓸 만큼 가까운 사이는 아니다. 매화처럼 까다롭지 않아 아무 곳에서나 별 불평 없이 잘 자라준다. 중국에서 들어온 것으로 짐작되는 이 나무의 옛 한자 이름은 여러 가지다. 《동국이상국집》에는 지당화地棠花라고 나오며 조선시대 선비들의 문집에는 채당棣棠이라 했다. 그 외 옛 문헌에 흔히 나오는 황매黃梅는 황매화와 혼동되기 쉽지만, 이때의 황매는 황매화가 아니라 완전히 익어서 노랗게 된 매실을 말한다.

황매화와 생김새나 잎 모양이 같으나 꽃이 홑꽃이 아니고 겹꽃이면 죽단화라고 한다. 옛날에 임금님이 꽃을 보고 선택하여 심게 하면 어류화御留花라 했는데, 선택하지 않고 궁궐에서 내보낸 나무는 출단화黜壇花라 했다고 한다. 죽단화는 이 출단화가 변한 이름으로 짐작된다. 죽도화라고도 하는데, 황매화보다 오히려 더 많이 심고 있다. 황매화와 엄밀히 구별하여 부르지 않는 경우도 많아 혼란이 있다. 죽단화라는 어려운 이름보다 알기 쉽게 '겹황매화'로 통일하여 부르는 것이 옳다고 생각한다. 꽃말은 '기품', '숭고', '재복財福' 등이다. 특히 재복은 샛노랗고 큰 꽃잎이 떨어지면 금화가 수북이 쌓인 것 같아서 붙었다.

모란

Tree peony / 牧丹, 牡丹, 花王

* * *

아름다움과 부귀영화의 상징

과명	학명
작약과	*Paeonia suffruticos*

화려하고 탐스러운 꽃을 피우는 모란은 중국 원산의 꽃나무다. 사람 키 남짓하게 자라고 가지는 굵고 성기게 갈라진다. 잎은 달걀 모양인데 3~5갈래로 갈라지고, 뒷면엔 잔털이 있으며 대개는 흰빛이 돈다. 꽃잎은 여러 겹으로 겹쳐 있으며 꽃은 손바닥을 펼친 것만큼이나 크다. 꽃은 붉은색인 경우가 많지만 흰색에서 분

짙은 초록 잎 사이로 하얗게 빛나는 꽃을 피운, 침류각 계단 앞의 백모란.

화려하고 탐스러운 모란 꽃은 백모란, 적모란, 황모란, 만첩모란 등 색과 모양이 다양하다.

홍색까지 다양한 색이 있다. 예부터 화왕花王이라 하여 꽃 중의 꽃으로 꼽았다. 미인은 흔히 모란 꽃에 비유되었고, 최고의 아름다움을 뜻했으며 부귀영화의 상징이었다. 모란 그림 병풍은 혼례나 신방의 가림막으로 쓰였으며 최고급 고려청자에도 모란 꽃무늬가 흔히 들어갔다.

《삼국유사》에는 선덕여왕이 나라를 다스리는 동안 있었던 일화가 실려 있다. 당태종이 붉은빛과 자줏빛, 흰빛으로 그린 모

예로부터 모란 그림 병풍은 경사스런 자리에 장식으로 놓이곤 했다.

란 그림과 그 씨 석 되를 함께 보냈다. 왕은 그림의 꽃을 보더니 "이 꽃은 반드시 향기가 없을 것이다"라고 했다. 뒤에 신하들이 향기가 없는 꽃인 줄을 어떻게 알았느냐고 물었더니 "꽃을 그렸

모란을 닮은 작약의 꽃.

는데 나비가 보이지 않으므로 향기가 없음을 알 수 있었소. 이는 당나라 임금이 내가 짝이 없는 것을 희롱한 것이오"라고 하였다.

중국 유일의 여황제였던 당나라의 측천무후는 어느 겨울날, 꽃나무들에게 당장 꽃을 피우라고 명령을 내린다. 다른 꽃들은 이 명령을 모두 따랐으나 모란만은 말을 듣지 않는다는 보고를 받는다. 나무 밑에 불을 때 강제로 눈을 뜨게 하려했지만 무위로 끝나자 화가 난 황제는 모란을 모두 뽑아서 낙양으로 추방해 버렸다. 이후 모란은 '낙양화'로도 불렸고, 불을 땔 때 연기에 그을린 탓에 지금도 모란 줄기가 검다는 전설이 있다. 꽃말은 '부귀영화', '화려함', '고귀함' 등이다.

모란과 비슷한 식물로 작약이 있다. 서로 다른 식물이지만 꽃의 모양이나 색깔, 크기 및 피는 시기가 비슷하고 잎 모양도 닮아서 사람들은 흔히 모란과 작약을 혼동한다. 둘 다 탐스럽고 화려한 꽃이 피고 약재로도 쓰이므로 예부터 흔히 같이 심고 가꾸었다. 둘을 구별하는 법은 간단하다. 모란은 나무이고 작약은 겨울에 땅 위의 줄기가 모두 죽어버리고 뿌리만 살아 있는 여러해살이풀이다. 모란과 작약은 나무와 풀이지만 식물학적으로 가까워 작약 뿌리에다 모란을 접붙일 수도 있다. 작약 꽃은 함박꽃이라고도 부른다.

계수나무

Katsura tree / 桂, 桂樹

* * *

달나라에도 있다는 전설의 나무,
실제는 일본 수입 나무

과명	학명
계수나무과	*Cercidiphyllum japonicum*

옛사람들은 달나라에 계수나무가 있다고 상상했다. 시와 노래에
도 단골손님이었다. 계수나무는 그냥 상상의 나무일까, 아니면
실제로 존재하는 어떤 나무일까? 우선 옛글에서 찾아본다. 당나
라 시인 왕유는 "산속에 계수나무 꽃이 있으니, 꽃이 싸락눈 같을
때까지 기다리지 말고 빨리 돌아오시구려"라고 했다. 조선 성종

전두환 대통령의 기념식수가 죽어버릴까 봐 예비로 심어둔 침류각 언덕의 계수나무.

하트 모양 잎에서는 달콤한 향이 난다. 열매는 가늘고 갸름하다.

14년(1483) 중국 사신이 우리 임금에게 지어 올린 시에 "늦가을 좋은 경치에/ … 계수나무 향기가 자리에 가득하네"라고 하였다. 여기서 알 수 있는 계수나무의 특징은 싸락눈처럼 작은 꽃이 가을에 피며, 향기가 강하다는 것이다. 이를 바탕으로 검토하면 문헌에 나오는 대부분의 계수나무는 따뜻한 지방에서 흔히 정원수로 심는 은목서나 금목서 등의 목서 종류로 짐작할 수 있다.

그 외에 달나라의 계수나무와 혼동되는 이름을 가진 나무가 몇 있다. 그리스신화에는 요정 다프네Daphne가 나무로 변했다는 이야기가 있다. 그런데 중국 사람들이 이 나무의 이름을 번역할 때 월계수月桂樹, 즉 달나라 계수나무란 뜻의 이름을 붙여버렸다. 또 한약재나 향신료로 쓰이는 나무의 이름에도 계桂가 들어간다. 톡 쏘는 매운맛을 내는 껍질을 벗겨 계피桂皮로 쓰는 계피나무와, 한약재로 주로 이용되며 약간 단맛과 향기가 있는 육계肉桂나무 등이다. 나무 이름에 한 자씩 들어 있는 계桂 자 때문에 이 나무들도 흔히 계수나무에 포함된다.

그러나 오늘날 조경수로 흔히 심고 가꾸는 계수나무는 한 아름이 넘게 자라는 일본 원산의 잎지는 넓은잎나무다. 일본인들은 한자로 계桂라고 쓰고 가쓰라カツラ라고 읽는데, 향기가 난다는 뜻이라고 한다. 이렇게 지금 우리가 심고 있는 계수나무는 달나라 계수나무도, 옛 문헌 속의 그 계수나무도 아닌 일본 수입 나무다. 그러나 이름 때문에 사람들이 좋아하고 잎이 하트 모양이며 달콤한 향기도 있으니 정원수로 사랑받는다.

청와대 경내에는 침류각 앞 언덕에 아름드리 계수나무가 자란다. 이 나무는 1983년 식목일 전두환 대통령이 상춘재 앞에 기념식수로 계수나무를 심으면서 혹시 죽어버리면 대신 가져다 심으려 준비한 예비 나무였다. 다행히 전두환 대통령 재임 기간 동안은 상춘재의 계수나무가 잘 자라 바꿔치기할 필요가 없었다. 오랜 시간이 흐른 오늘날 상춘재 계수나무는 죽어버리고 침류각 계수나무만 남아 있다.

그 외 대정원 서쪽 숲속에도 아름드리 계수나무가 한 그루 더 있다. 나무말은 '변하지 않음', '명예', '승리의 영광' 등이다.

오리나무

East Asian alder / 五里木, 赤楊, 橙木

* * *

5리마다 만날 만큼 흔하던 나무

과명	학명
자작나무과	*Alnus japonica*

오리나무는 우리 주변에 흔했던 나무다. 이름은 대체로 5리마
다 만나는 나무라는 뜻이다. 오리나무는 길손의 이정표였던 셈
이다. 특별히 따로 심었다기보다 햇빛을 좋아하는 양수陽樹여서
길가를 따라가다 보면 자주 만날 수 있었기에 붙은 이름으로 짐
작한다. 수분이 많은 땅을 워낙 좋아하여 다른 나무들이 꺼리는

보기 드물게 아름드리나무로 자란 침류각 입구의 오리나무 두 그루.

아래로 길게 늘어진 수꽃과 그 위에 붙어 있는 암꽃, 작은 솔방울 같은 열매.

개울가의 저습지도 마다 않아 버드나무와 자라는 곳이 겹친다. 오리나무는 굳기가 적당하고 다루기가 쉬워 쓰임새가 많았다. 목재만이 아니라 껍질이나 열매도 거기 포함된 타닌을 이용하여 붉은색이나 흑갈색 물을 들이는 천연염료로 쓰였다. 한자 이름 적양赤楊은 붉은 물감이 나오는 데서 유래한 것이다.

청와대 경내에선 침류각 입구의 아름드리 큰 오리나무 두 그루가 위용을 자랑하고 있다. 키 22미터, 둘레 한 아름 반에 달하며 주변을 압도하듯 곧바르게 높이 자라 모양새가 아름답다. 2022년 현재 나이는 135살로 대한제국이 성립되던 1897년 무렵에 자리 잡은 셈이다.

오늘날 오리나무가 숲을 이루고 비교적 잘 자라고 있는 곳은 조선왕릉이다. 헌인릉의 오리나무 숲을 비롯하여 선정릉, 동구릉 등 대부분의 왕릉에서 오리나무를 쉽게 만날 수 있다. 왕릉에서 오리나무를 쉽게 찾아볼 수 있는 이유는 무엇일까? 습한 땅에 잘 자라는 이유도 있겠으나 남녀의 사랑과도 관련이 있는 것 같다. 한 나무에 암꽃과 수꽃이 아주 가까운 거리에 달리며, 봄이 채 오기 전부터 부지런히 꽃을 피우니, 부부가 오랫동안 가까이서 오순도순 행복하게 같이 산다는 의미를 부여할 수 있다. 암꽃과 수꽃의 거리가 가까운 나무가 오리나무만은 아니지만, 특별히 쓰임이 많기도 하니 왕릉에 심는 나무로 선택된 것 같다.

그러나 아이러니하게도 암꽃이 위, 수꽃이 아래에 긴 꼬리처럼 달려 있는 풍매화라서 같은 가지에 있는 붙은 암꽃과 수꽃이 서로 만나 사랑을 나눌 가능성은 매우 희박하다. 긴 타원형의 잎을 가진 오리나무 외에 둥근 잎을 가진 물오리나무는 청와대에서는 기마로, 성곽로, 북악산에서 만날 수 있다. 나무말은 '굴하지 않음', '인내', '장엄함', '열광' 등이다.

조릿대

Sasamorpha, Sasa / 山竹

✦ ✦ ✦

조리를 만들던 '미니' 대나무

과명	학명
벼과	*Sasa borealis*

조릿대는 전국 어디에서나 숲의 바닥을 덮고 있는 미니 대나무다. 흔히 산에 자라는 대나무란 뜻으로 산죽山竹이라고도 부른다. 그리 깊지 않은 땅속에서 땅속줄기를 뻗어 마치 그물망을 펼친 것처럼 흙을 붙잡는다. 거의 바닥이 보이지 않을 정도로 빽빽하게 자라 급경사지에서 흙이 흘러내리는 것을 막는 데 중요한

관저에서 춘추관으로 내려가는 길가 숲속의 조릿대 산책길.

한라산 숲을 뒤덮고 있는 제주조릿대.

역할을 한다. 그러나 자기들끼리만 무리를 이루어 마치 땅을 완
전히 뒤덮어버리는 게 문제다. 조릿대는 한번 번식하기 시작하
면 다른 식물이 들어갈 수 없을 정도로 온통 자기네 세상을 만드
는 심통을 부린다. 한라산에 자라는 제주조릿대의 경우 현재 국
립공원 면적의 95퍼센트를 점유하고 있어서 구상나무나 시로미
등 한라산 희귀식물이 자라고 퍼지는 것을 방해한다.

　　조릿대는 키가 1~2미터 남짓이고 굵기는 지름 3~6밀리미
터 정도다. 옛날에는 밥을 짓기 전에 꼭 쌀에서 돌을 골라내야
했다. 물에 담가 흔들면서 쌀을 일어 돌을 골라내는 기구인 조

드물게 피는 조릿대 꽃, 조릿대의 일종인 사사조릿대의 잎.

리는 주방의 필수품이었는데, 조릿대의 줄기는 가늘고 유연하여 쉽게 휘고 비틀 수 있으므로 조리의 재료로 안성맞춤이다. '조리를 만드는 대나무'라서 이름도 조릿대가 되었다. 나무말은 '작은 행복', '외유내강'이다.

　　조릿대와 모양이 거의 같으나 키가 훨씬 작아 한 뼘 남짓한 사사조릿대가 있다. 일본 원산이며 잎에 무늬가 들어간 원예품종 등이 있어서 정원의 음지에 흔히 심는다. 청와대 경내에는 관저에서 춘추관 방향으로 내려가는 길가의 숲속, 짐류각 앞 능 여러 그늘진 곳에 사사조릿대를 단독으로 혹은 조릿대와 함께 심었다. 잎 가장자리에 연노랑 무늬가 들어간 무늬조릿대도 흔히 만날 수 있다.

모감주나무

Golden rain tree / 木槵珠

* * *

꽃으로 동화 속의 황금궁전을 만들다

과명	학명
무환자나무과	*Koelreuteria paniculata*

청와대의 봄꽃 잔치가 모두 끝나고 여름이 조금씩 깊어갈 즈음,
대체로 6월 말쯤이면 녹지원과 헬기장 사이의 작은 숲에는 커다
란 모감주나무 세 그루가 펼치는 샛노란 꽃 잔치가 시작된다. 꽃
차례를 높이 세우고 자그마한 꽃들이 줄줄이 곧추서서 무리를
이루어 마치 동화 속의 황금궁전과 같은 분위기를 연출해 절경

녹지원과 헬기장 사이에 자리 잡은 모감주나무. 샛노란 꽃잔치를 화려하게 펼치고 있다.

꽈리처럼 부푼 열매, 그 속에 들어 있던 흑갈색으로 익은 씨앗.

을 이룬다. 'Golden rain tree[황금 비가 쏟아지는 나무]'라는 영어 이름이 더 실감이 난다.

길이가 한 뼘이나 되는 잎자루에는 아까시나무 잎처럼 작은 잎이 10~15개씩 다닥다닥 달려 있다. 잎 가장자리의 크고 깊으며 불규칙한 톱니도 황금빛 꽃과 어울려 나무를 한층 돋보이게 한다. 작열하는 태양과 두 주쯤 경쟁하듯 버티고 있던 꽃은 수정되고 나면 세모꼴의 초롱 같은 열매로 모습을 바꾼다. 열매는 가을이 깊어갈수록 크기를 부풀리다 얇은 종이 같은 껍질이 갈색으로 변한다. 안에서는 황금빛 꽃 색깔과는 달리 엉뚱하게 새까만 씨앗 몇 개가 얼굴을 내민다.

윤기가 자르르한 콩알 굵기의 이 씨앗은 완전히 익으면 망치로 두들겨야 깰 수 있을 만큼 단단하다. 그래서 옛 이름은 금

긴 꽃차례에 줄줄이 매달린 작은 꽃들.

강자金剛子다. 금강이란 불가佛家에서는 깨달은 지덕至德이 굳고 단단하여 모든 번뇌를 깨뜨릴 수 있음을 상징한다. 더욱이 만질수록 손때가 묻어 반질반질해지니 염불의 필수품, 염주를 만드는 재료로 안성맞춤이다. 그것도 감실나게 몇 개씩 날리는 싯이 아니라 54염주는 물론 108염주도 몇 꾸러미를 만들 수 있을만큼 잔뜩 매달린다.

　모감주나무는 북한의 압록강 하구, 황해도 초도와 장산곶에서 남한의 백령도와 덕적도, 안면도 등 주로 해안을 따라 자란

익어가는 모감주나무 열매 무리.

다. 안면도 방포해수욕장 옆의 천연기념물 제138호 모감주나무 숲은 꽃이 필 때면 장관을 이룬다. 포항 영일만 해안의 천연기념물 제371호 모감주나무 숲, 완도 군외면 대문리의 천연기념물 제428호 모감주나무 숲도 있다. 이들은 모두 바닷가에 자라는 것이 특징이다. 그래서 한때 우리나라에서 자생하는 나무가 아니라 중국에서 파도를 타고 건너온 수입 나무로 여겼다. 그러나 최근 내륙 지방인 충북 영동과 월악산, 대구의 내곡동, 안동 송천동 등지에서도 자라는 것이 확인되었으니 우리나라에 자생하는 나무로 봐도 좋다.

모감주나무는 대부분 아름드리로 자라지는 않는다. 적당한 크기로 자라고 꽃이 아름다울 뿐만 아니라 단아하게 가지 뻗은 모습이 고매한 학자풍의 나무다. 실제로 옛날 중국에서는 왕에서부터 백성에까지 묘지의 둘레에 심을 수 있는 나무를 정해주었는데, 학덕이 높은 선비가 죽으면 모감주나무를 심게 했다고 한다. 이외에도 정제되어 뻗은 가지와 가장자리가 들쭉날쭉한 잎, 황금 깃털처럼 솟아오른 꽃, 열매 맺을 무렵의 연노랑 단풍까지 다른 나무가 흉내 내기 어려운 자태를 자랑한다.

2018년 9월 평양에서 제5차 남북정상회담이 열렸다. 문재인 대통령은 10살 된 모감주나무를 가져가 숙소인 백화원 뜰에 기념식수했다. 나무말이 번영이라고 직접 소개도 했으며 황금색의 꽃이 핀다는 점도 강조했다. 황금색, 즉 노란색은 희망과 평화를 상징하며 누구에게나 마음의 안정을 주는 색이다. 모감주나무를 기념식수한 데는 남북의 신뢰를 금강석처럼 단단한 모감주나무 씨앗과 같이 영원히 이어가자는 희망도 담겨 있었을 것이다.

잣나무

Korean pine / 栢, 紅松

* * *

소나무와 함께 우리나라 대표 바늘잎나무

과명	학명
소나무과	*Pinus koraiensis*

"사촌이 땅을 사면 배가 아프다"는 속담에 대비되는 말로 '송무백열松茂柏悅'이 있다. 소나무가 무성하면 잣나무가 기뻐한다는 말로, 친구가 잘되는 것을 축하한다는 뜻이다. 식물학의 시각에서 풀이하면, 어릴 때 햇빛이 적게 드는 것을 좋아하는 음수陰樹인 잣나무는 소나무가 무성하여 빛을 가려주면 살아가기가 훨

청와대 경내에서 싱싱하게 자라는 잣나무.

잣을 품고 있는 잣나무의 솔방울.

씬 편하다. 청와대 경내의 기마로 주변을 비롯한 숲에는 소나무
와 잣나무가 섞여서 '송무백열'하는 곳이 여럿 있다. 잣나무는 이
처럼 소나무와 짝을 이루어 우리 땅에 예부터 자라던 나무다. 거
의 전국에 걸쳐 자라지만 우리나라 중부 지방에서 북한을 거쳐
러시아 아무르 지역까지 아시아 대륙 동쪽의 추운 지방을 좋아
한다.

　　잣나무는 사시사철 변함이 없어서 소나무와 함께 고고한 선
비의 기상을 일컫는 '송백'이라는 이름으로 불리기도 한다. 《삼
국사기》 열전에서 충신들의 인품을 나타낼 때도 송백에 비유했

으며, '설중송백雪中松柏'이라 하면 송백이 눈 속에서도 그 색이 변하지 않는 것처럼 사람의 지조가 굳음을 나타내는 말이다. 잣나무는 소나무와 달리 줄기가 굽는 일이 거의 없고 가지의 돌려나기가 명확하여 곁가지를 고루 사방으로 뻗는다. '세한송백歲寒松柏'이라는 말도 있다. 《논어論語》의 자한子罕 편에 나오는 공자님 말씀을 줄인 말로서 어떤 역경 속에서도 지조를 굽히지 않는 사람, 또는 그 지조를 비유적으로 이르는 말이다. 이때의 송백을 우리는 의심 없이 소나무와 잣나무로 해석한다.

그러나 공자님의 활동 무대였던 중국의 산둥성 일대에는 잣나무가 자라지 않는다. 공자님은 평생 잣나무를 만난 적이 없다. 따라서 《논어》나 〈세한도歲寒圖〉의 발문에 나오는 송백松柏의 백柏은 잣나무가 될 수 없다. 소나무와 측백나무, 또는 늘푸른나무인 바늘잎나무 전체를 일컫는다고 봐야 할 것이다.

잣나무 목재는 소나무보다는 약간 무르지만 색이 발그스레해서 홍송紅松이란 이름으로 불리며 관재, 건축재 등으로 귀하게 쓰인다. 삼국시대 초기에 조성된 경북 경산 임당동 고분군에서 나온 관재가 잣나무였다. 팔만대장경판을 보관하고 있는 해인사 수다라장의 기둥 중 상당수가 잣나무이고, 사찰이나 향교 건물에도 잣나무가 쓰였다. 근대 건축물인 조계사 대웅전에서도 36점의 잣나무가 검출되어 24점인 소나무보다 훨씬 많이 나왔다.

여민3관 입구에 있는 섬잣나무. 오엽송이라고도 부르며 정원수로 많이 심는다.

　　잣나무의 씨앗인 잣은 예부터 건강식품으로 알려졌다. 《동
의보감》에도 잣은 "피부를 윤기 나게 하고 오장을 좋게 하며 허
약하고 여위어 기운이 없는 것을 보한다"라고 하였다. 신라 때
당나라로 가는 유학생들은 잣을 잔뜩 걸머지고 갔다. 잣은 중국
에 나지 않는 특산품이기에 선물도 하고 팔아서 학비에 보태기
도 했다고 한다.

　　잣나무 잎은 다섯 개씩 모여나기 하고, 길이는 긴 손가락 정
도이며 양면에 흰빛 숨구멍이 대여섯 줄 있어서 희끗희끗하다.

섬잣나무의 솔방울과 스트로브잣나무의 솔방울.

암수한그루로 꽃은 늦봄에 피며 솔방울 열매는 다음 해 가을에 익는다. 솔방울은 긴 달걀 모양으로 크기가 어른 주먹만 하고 100여 개씩 달리는 비늘조각의 아랫부분에 잣이 한 개씩 들어 있다. 잣나무 무리에는 섬잣나무, 스트로브잣나무 등이 있지만 잣은 오직 우리 잣나무에만 달린다. 나무말은 '풍족함', 그 외 '겸 손함', '치유', '보호' 등이다.

　섬잣나무는 두 종류가 있다. 하나는 울릉도에만 자라는 섬잣나무이고, 나머지 하나는 우리 주변에 정원수로 심는 오엽송 五葉松이다. 둘은 같은 나무이나 일본인들이 오랫동안 섬잣나무 를 개량하여 정원수로 흔히 심는 오엽송을 만들었다. 가장 큰 차 이점은 정원수 오엽송은 잎 길이가 섬잣나무보다 훨씬 짧고 솔 방울도 비늘의 개수가 적으며 길이도 짧다. 또 가지도 짧고 뭉쳐

생장이 빠르고 재질도 좋아 쓰임새가 많은 스트로브잣나무.

나는 경향이 있어서 전정하여 가꾸기가 좋다. 청와대 경내에는 여민관 등 여러 곳에 오엽송이 자라고 있다. 이곳뿐만 아니라 정원수로 심는 섬잣나무 종류는 대부분 오엽송이다.

스트로브잣나무는 미국 동부의 오대호를 중심으로 널리 분포하며 이름처럼 잣나무의 한 종류다. 우리나라에는 20세기 초에 들어왔다. 우리 잣나무보다 거의 두 배나 생장이 빠르고 목재도 질이 좋아 건축내장재, 포장재, 가구재, 합판, 완구재 등에 두루 쓰인다. 그러나 우리나라에서는 목재보다 조경수로 더 각광을 받고 있다. 청와대 경내에서는 영빈관과 본관 사이, 기마로 일대 등 곳곳에서 스트로브잣나무를 만날 수 있다. 나무껍질은 나이를 꽤 먹어도 갈라지지 않고 매끄러우며 잎은 잣나무보다 더 가늘고 부드럽다. 솔방울 역시 가늘고 더 길다.

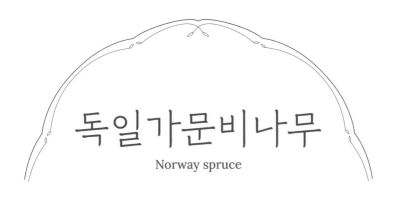

독일가문비나무

Norway spruce

* * *

이름과 달리 유럽 전체에 걸쳐 자라요

과명	학명
소나무과	*Picea abies*

추운 지방의 고산지대에 자라는 바늘잎나무 중에 가문비나무가
있다. 북한의 개마고원 일대에서 백두산에 이르는 고산지대의
원시림을 이루는 나무들 중의 하나다. 가문비나무는 남한에도
자라기는 하나 지리산 반야봉, 덕유산, 오대산 등의 높은 산꼭대
기에서 몇 그루가 겨우 생명을 부지하는 정도다. 따라서 평지에

1980년 최규하 대통령이 심은 1944년생 독일가문비나무.

적갈색으로 익은 수꽃, 아래로 처져 달리는 열매는 가을에 익는다.

서 조경수로 만나는 가문비나무라면 대부분 독일가문비나무를 가리킨다.

독일가문비나무는 1920년경 일본을 통하여 우리나라에 들어왔다. 독일의 서남부 라인지구대 동쪽에 있는 소위 흑림黑林, Schwarzwald에서 이 나무가 잘 자라는 것을 본 일본 사람들이 자기 나라에 들여오면서 이름 앞에 '독일'을 붙여 넣어 마치 독일에만 자라는 나무처럼 되어버렸다. 그러나 독일가문비나무는 유럽 서남부 일부를 제외하곤 동쪽으로는 러시아 우랄산맥, 북으로는 노르웨이까지 유럽 전역에 걸쳐 광범위하게 자라는 유럽의 대표적인 침엽수다. '유럽가문비나무'가 정확한 이름이겠으나 영어 이름도 'Norway Spruce'여서 정확하지 않은 것은 마찬가지다.

대부분의 독일가문비나무는 다른 가문비나무와 마찬가지로

자기들끼리만 모여 숲을 이루고 사는 특성이 있다. 곧은 줄기와 긴 삼각형의 아름다운 모습으로 키 50미터, 한두 아름에 거뜬히 이른다. 비교적 약한 광선에도 광합성을 할 수 있어서 약간 음지에도 잘 버틴다. 원산지에서는 조경수보다는 목재로 쓰기 위하여 심는 수종이다. 독일가문비나무의 가지는 흔히 밑으로 처진다. 고향이 추운 곳이라 겨울에 눈이 오면 그 무게로 가지가 부러지기 쉬운데, 눈을 금방 떨어뜨려 쌓이지 않게 하려는 독특한 설계다. 긴 솔방울도 아래로 처져 달린다.

가문비나무 종류는 나이테 폭이 일정한 경향이 있어서 그 목재가 소리를 잘 전달하므로 고급 피아노 향판響板에 쓰인다. 속살은 거의 흰색에 가까워 펄프를 만들 때 탈색비가 적게 들고, 세포가 길어 고급 종이를 만들 수 있다. 청와대에는 헬기장과 녹지원 사이의 작은 숲에 최규하 대통령이 기념식수한 독일가문비나무가 자라고 있다. 나무말은 '불로장수', '영원한 젊음', '용감' 등이다.

사철나무

Evergreen spindletree / 冬青, 凍青

* * *

사시사철 변함없는 그 모습 그대로

과명	학명
노박덩굴과	*Euonymus japonicus*

소나무를 비롯한 대부분의 바늘잎나무와 동백나무나 후박나무 등 일부 넓은잎나무는 사시사철 푸른 잎을 달고 있다. 사철나무 란 이름은 어느 특정 나무가 아니라 늘푸른나무를 포괄적으로 일컫는 이름이기도 하다. 그러나 식물학적으로 사철나무라 함은 청와대 경내의 헬기장 잔디밭 주변 등에서 볼 수 있는, 나지막

잎이 지지 않는 늘푸른나무를 대표하며 산울타리로 널리 쓰이는 사철나무.

여름에 피는 황백색의 꽃, 늦가을에 익어가는 붉은 열매.

한 산울타리로 흔히 심는 늘푸른나무를 말한다. 사철나무는 매서운 서울의 겨울 추위에도 푸른 잎을 달고 버틴다. 그러다 이른 봄, 아직 추위가 채 가시기도 전에 연초록의 새잎을 일제히 피우고 묵은 잎은 서서히 떨어뜨려서 항상 푸르게 보인다. 사철나무는 사람 키 남짓한 자그마한 나무이나 때로는 지름 30센티미터가 넘고 키 4~5미터에 이르는 제법 큰 나무로 자라기도 한다.

지금은 거의 사어死語가 되었지만 '내외하다'라는 말이 있다. 조선시대에 친척 이외의 남녀는 서로 얼굴을 마주 대하지 않는 것이 원칙이었다. 그래서 옛 사대부의 집은 안채와 사랑채가 별도의 공간으로 구분되어 있었는데, 그 사이에 문병門屛이라는 산울타리 가리개 시설을 해두었다. 사철나무는 이런 시설에 심는 가리개 나무로 안성맞춤이었다. 겨울에도 잎을 달고 있고 아래까지 가지를 뻗으며 유연성이 좋아 이리저리 필요에 따라 비끄러매기도 편해서다. 전통적으로 집은 남향으로 자리를 잡는다. 손님은 대체로 해가 있는 낮에 오므로 문병을 만들어두면 햇빛을 등진 손님에게는 안채가 잘 보이지 않으나, 안채에서는 바깥손님을 잘 살필 수 있다. 그러면 안방마님도 사랑채에 오는 손님이 몇 명이고 누구인지를 알고 주안상을 준비할 수 있었다.

사철나무는 '변함없다'라는 나무말처럼 늘 수수한 그 모습 그대로다. 철마다 유행하는 옷을 날쌔게 갈아입는 멋쟁이는 아니라도 언제나 같은 얼굴로 자리를 지키고 있다. 자고 나면 변하는 세상, 업그레이드에 쫓기기 바쁜 시대를 살아가는 우리들에게 사철나무는 한결같은 모습으로 안식처가 되어준다. 열매는 굵은 콩알만 하고 늦가을에 열매껍질이 넷으로 갈라지면서 기다란 실에 매달린 빨간 씨앗이 나타난다. 평소의 푸른 잎이 너무 심심할까 봐 붉은 씨앗으로 악센트를 준 사철나무의 설계가 돋보인다.

비슷한 나무로 줄사철나무가 있다. 사철나무와 생김새가 같으나 줄기가 나무나 바위를 기어오르는 덩굴식물이다. 이외에도 원예품종으로 잎에 흰 줄이 있는 은테사철, 잎 가장자리가 황색인 금테사철이 있다.

보리수나무

Autumn oleaster / 牛奶子

* * *

부처님 보리수와 이름만 같은 우리 나무

과명	학명
보리수나무과	*Elaeagnus umbellata*

보리수나무라는 이름을 달고 우리나라 산길 어디에서나 자라고 있는, 자그마한 잎지는나무가 있다. 갸름한 잎은 뒷면에 아주 짧은 은빛 털이 촘촘하여 마치 은박지를 입힌 것 같은 모습이다. 봄날 유백색의 작은 꽃이 피고 가을에 땅콩알 크기의 열매가 붉은빛으로 익는다. 열매껍질에는 점점이 흰 점이 있다. 배고픈 시

온실 입구의 보리수나무. 깊은 숲에서도 보기 힘들 정도로 크게 자랐다.

잎겨드랑이에서 모여 나는 은백색의 꽃.

절 아이들의 간식거리가 되기도 했다.

부처님이 도를 깨우쳤다는 보리수菩提樹와 이름이 같아서 조금은 혼란스럽다. 보리수란 이름은 어디서 왔는가? 열매에 흰 점이 찍혀 있는 모습을 두고 보리밥과도 연관을 짓지만, 역사 기록에서 실마리를 찾을 수 있다. 조선왕조실록에는 연산군 6년(1499) 임금이 전라도 관찰사에게 "익은 보리수甫里樹 열매를 올려 보내라"라고 명한 내용이 나온다. 전남 완도 보길도에는 보옥리甫玉里란 지명이 있다. '보리甫里'는 보길도 어느 마을의 이름이 아니었을까. 보길도는 예부터 난대림 숲이 울창한 곳이다. 이

흰 점이 찍혀 있는 보리수나무 열매, 붉은색의 굵은 뜰보리수 열매.

곳에는 늘푸른잎을 가진 보리밥나무보리장나무가 자라고 있으며, 그 열매는 육지의 보리수나무 열매와 거의 비슷하게 생겼다. 보리밥나무를 먼저 지명에서 따서 '보리수'라고 부르다가, 보리밥나무와 보리수나무를 엄밀히 구분하지 않았던 옛사람들이 육지의 보리수나무에도 '보리수'라는 이름을 붙이지 않았을까 싶다. 보리수나무의 나무말은 '순결', '결혼', '신중함' 등이다.

청와대 경내의 온실 입구에는 보기 드물게 큰 보리수나무가 자란다. 대체로 산에서 만나는 보리수나무는 굵어도 지름 10센티미터 남짓한데 이 나무는 지름 30센티미터에 키 7.5미터에 이른다. 필자가 지금까지 봐온 보리수나무 중에는 가장 굵고 크다. 관저 뒤의 기마로 근처에도 비슷한 크기의 보리수나무가 한 그루 더 있다. 청와대 경내에서 특별히 보호해야 할 나무다. 이렇

인도보리수의 긴 꼬리가 달린 하트 모양 잎.

게 우리 산의 보리수나무를 정원수로 심는 경우는 드물고 대체
로 일본에서 수입한 뜰보리수를 심는다. 뜰보리수는 우리 보리
수나무보다 열매가 훨씬 굵고 붉은빛이 강하며 텁텁하긴 해도
조금 더 달다.

　　부처님의 보리수는 인도보리수로서 아열대 지방에 자라는
뽕나무 무리의 하나인 무화과 종류다. 인도보리수는 중국이나
우리나라에서는 추워서 자랄 수 없으므로 불교가 우리나라에 들
어왔을 때 대신할 나무가 필요했다. 이에 스님들은 추운 지방에
서도 잘 자라는 피나무 종류에 보리수라는 이름을 붙여 부처님

절에서 흔히 보리수라 부르는 피나무의 잎과 꽃.

보리수 대신으로 삼았다. 피나무는 단단한 열매를 염주로 쓸 수 있고, 잎이 하트 모양으로 인도보리수의 잎과 닮았기 때문이다. 한마디로 우리나라 절에서 보리수라고 심은 나무는 실제로는 대부분 피나무 종류다. 이렇게 해서 보리수라 불리는 나무가 여럿 생겼다. 부처님의 인도보리수, 절에 흔히 심은 피나무 보리수, 우리나라 산에서 예부터 자라던 보리수나무가 나름대로 사연을 간직한 채 모두 '보리수'로 불린다. 또 슈베르트의 가곡집 〈겨울 나그네〉의 제5곡 〈Der Lidenbaum〉도 '피나무'로 옮겨야 맞지만 '보리수'로 통용되고 있어 혼란을 부추긴다.

야광나무

Siberian crabapple / 亞棠梨

* * *

밤에도 하얗게 빛나는 꽃무리

과명	학명
장미과	*Malus baccata*

봄이 한창 무르익는 5월 중순이면 청와대 경내의 온실 화단에선
하얀 꽃이 나무 전체를 뒤덮고 있는 야광나무가 눈길을 사로잡
는다. 온실 화단에는 바로 앞 헬기장에 온실 유리의 반사광이 비
치는 걸 막으려 늘푸른나무 위주로 나무를 심었다고 하는데, 그
가운데쯤에 자라는 큰 야광나무는 이 일대의 단조로움을 잡아주

하얀 꽃이 활짝 피면 어두운 밤에도 빛을 낸다는 뜻의 이름이 붙은 온실 옆 야광나무.

모여 피는 하얀 꽃, 가을에 붉게 익는 콩알 크기의 열매,

는 포인트다. 야광나무는 꽃이 필 때 새잎도 함께 나서 초록색이 조금씩 섞여 있기도 하지만, 꽃이 한참 필 때 약간 떨어져서 보면 뭉게구름 한 조각이 잠시 나무에 걸린 것 같아 아름다움에 감탄하게 된다.

이 나무의 꽃은 깜깜한 그믐밤에 봐야 제대로 감상할 수 있다. 흰색은 모든 빛을 반사하는 무채색으로 어둠에서 가장 빛나기 때문이다. 전기가 들어오기 전 삼천리 방방곡곡의 밤은 '칠흑 같은 밤'이란 말 그대로였다. 길가에서 야광나무를 만나면 주변을 훤히 비춰주는 것 같아 안심이 되었을 터이다. 나무 이름도 '어두운 데서 빛을 내는 야광주夜光珠 같은 나무'라는 뜻이다.

우리나라 중부 지방에서 흔히 만날 수 있으며, 동전 크기의 화려하고 예쁜 꽃을 한꺼번에 피워두고 벌을 불러들여 수정하는

야광나무의
단풍과 열매.

대표적인 충매화다. 가을에는 꽃이 진 자리마다 굵은 콩알 크기
만 한 빨간 열매가 달린다. 꽃이 많으니 당연히 열매도 나무 가
득 열린다. 열매를 자세히 보면 크기는 작아도 사과 모습 그대로
다. 사과나무와 형제 나무라서 접붙일 때 밑나무로도 쓴다. 꽃말
은 '이끄는 대로', '온화스러움' 등이다.

　야광나무와 거의 구별이 어려울 만큼 닮은 나무가 아그배나무
다. 붉은 열매가 기본이나 노란 열매도 있어서, 그 모양이 작은
배 같다고 '아기배'라 부르다가 아그배가 되었다고 한다. 어렵던
시절 이 열매를 따 먹고 배탈이 나서 '아이구, 배야' 하다가 아그
배나무가 되었다는 이야기도 들어둘 만하다. 이름과는 달리 배
나무 종류가 아니라 야광나무와 함께 사과나무 종류의 식구다.

명자나무

Japanese quince

● ● ●

키는 작아도 모과나무의 친동생

과명	학명
장미과	*Chaenomeles speciosa*

봄날이 한창 무르익는 4월 중하순경, 새잎이 나오면서 함께 붉은 꽃을 피우는 자그마한 나무가 청와대 곳곳에서 눈에 띈다. 잎사귀나 꽃을 자세히 보면 모과나무와 무척 닮았다. 명자나무다. 꽃은 500원짜리 동전 크기에 다섯 장의 꽃잎이 오목하게 벌어져 있고, 가운데 수십 개의 노란 수술이 들어 있다. 짙은 붉은색이 가

춘추관 정원의 명자나무. 모과나무와 가까운 친척이다.

붉은 빛깔의 꽃, 모과를 닮은 열매.

장 많지만 분홍색, 흰색까지 꽃의 색깔도 다양하고 크기도 조금씩 다르다. 꽃이 순차적으로 피기 때문에 아직 피지 않은 꽃봉오리와 활짝 핀 꽃이 함께 섞여 더욱 운치가 있다. 옛사람들은 처녀가 명자나무 꽃을 보면 바람난다고 하여 집 안에 심지 못하게도 했다고도 한다. 그만큼 꽃이 예쁘다는 뜻일 터이다.

꽃나무는 대체로 꽃이 지고 나면 한동안 잊히기 마련이다. 그러다 가을날 명자나무를 만나면 커다란 열매에 놀란다. 작달막한 키에 어울리지 않게 달걀 크기에서 때로는 거의 주먹 크기의 노란 열매가 가느다란 나뭇가지에 매달려 있다. 손가락 굵기 정도의 줄기에 너무 큰 과일을 달고 있어 보기에 무척 애처롭다. 작은 몸체지만 온갖 시련을 이겨내고 가을이면 노랗게 잘 익은 예쁜 열매를 키워낸다. 자세히 보면 모과와 쏙 빼닮았다. 모과와 가까운 사이임을 나타내는 것이다. 명자나무 열매도 모과처럼 약에 쓰인다. 《동의보감》에 "담을 삭이고 갈증을 멈추며 술을 많이 먹을 수 있게 한다. 약의 효능은 모과와 거의 비슷하다. 또한 급체로 쥐가 나는 것을 치료하며 술독을 풀어준다. 메스꺼우며 생목이 괴고 누런 물을 토하는 것 등을 낫게 한다. 냄새가 맵고 향기롭기 때문에 옷장에 넣어두면 벌레와 좀이 죽는다"라고 했다.

명자나무의 원래 고향은 중국이다. 우리나라에 언제 들어왔는지는 알 수 없고 중부 이남에 주로 심는다. 가지 끝이 변한 가시를 달고 있고 여럿이 모여 포기를 이루며 전정가위로 여기저기를 잘라내도 새 가지를 잘 뻗으므로 산울타리 나무로도 제격이다. 열매를 '명사자榠樝子'로 부르다가 가운데 글자가 생략되어 명자나무가 된 것이다. 명자꽃이라고도 한다. 꽃말은 '우아함', '정열', '평범함', '정숙함' 등이다.

화살나무

Burning bush spindle tree / 衛矛, 鬼箭羽

* * *

코르크 날개에 담긴 생존의 지혜

과명	학명
노박덩굴과	*Euonymus alatus*

화살나무 나뭇가지에는 화살 깃 모양에 너비 5밀리미터 정도의
얇은 코르크가 서너 줄씩 붙어 있다. 코르크는 수베린suberin이라
고 하는 물을 내뱉는 성질의 물질이 주성분이며 죽은 세포로 구
성되어 있다. 주로 오래된 나무껍질에 층을 이루어서 나무세포
를 보호하고 단열·방음·탄력재로 널리 이용된다. 그러나 화살나

가지가 둥그스름하게 모여 자라는 춘추관 정원의 화살나무. 고운 단풍이 들기 시작했다.

코르크 날개를 달고 있는 줄기, 가을의 붉은 단풍.

무는 어린 가지에 코르크가 층층이 아니라 세로줄로 얇게 붙어 있다. 화살 날개와 같이 생긴 코르크를 달고 있다고 이름이 화살나무다. 한자 이름은 귀전우鬼箭羽라 하여 '귀신의 화살 날개'란 뜻이고, 혹은 창을 막는다는 의미의 위모衛矛라고도 하는데 모두 화살나무의 날개를 두고 붙은 이름이다. 이 날개는 왜 달고 있을까? 자연계에서 더 많이 살아남기 위한 영리한 설계다. 연약한 가지를 먹어치우려는 초식동물로부터 보호하기 위한 것으로 보인다.

화살나무는 아담한 키에 새순이 맛있고 부드러워 산토끼, 노루 등의 초식동물은 물론 사람들까지 모두 좋아한다. 화살나무를 비롯한 회잎나무, 참회나무, 회나무 등의 새순은 '홑잎나물'이라 불리는 대표적인 봄나물이다. 코르크 날개를 달고 있으면 본래보다 훨씬 굵어 보여 동물들을 우선 질리게 하고, 코르크에는 전분이나 당분이 없어서 동물들이 먹기도 꺼리게 된다. 화살나무 조상의 이런 설계는 실제로 효과를 보았다. 머리 좋은 조상 덕분에 화살나무는 날개가 없는 형제 나무들보다 자연 속에서 훨씬 많이 살아남았다.

화살나무는 독특한 화살 날개뿐만 아니라 가을날의 붉은 단풍으로도 사람들의 눈길을 끈다. 진짜 단풍나무보다 더 붉은 단풍으로 가을을 더욱 황홀하게 만든다. 청와대 경내의 곳곳에 자라지만 춘추관 정원과 녹지원 화살나무의 단풍이 아름답다. 나무말은 '당신의 매력을 마음에 새김', '위험한 놀이' 등이다.

그 외 화살나무 종류 중에는 가장 크게 자라고 둥글납작하게 익은 열매껍질이 다섯 갈래로 갈라지는 것이 특징인 참회나무를 기마로 주변에서 만날 수 있다. 수궁터 옆길에는 회잎나무가 자란다. 화살나무와 거의 같지만 가지에 코르크 날개가 없다.

서어나무

Loose-flower hornbeam / 西木, 見風乾

* * *

울퉁불퉁한 근육질 몸통을 자랑하는 나무

과명	학명
자작나무과	*Carpinus laxiflora*

서어나무는 우리에게 익숙한 나무는 아니다. 주로 큰 산에 자라서 만나기 쉽지 않기 때문이다. 한자로는 서목西木이라 쓴다. '서목'이 '서나무'로 변하고 다시 서어나무가 된 것이다. 서쪽은 새의 둥지를 상징하며, 해가 지면 어김없이 새가 찾아가야 하는 방향이다. 햇빛이 비추는 동쪽과 달리 서쪽엔 습기가 많은 계곡이

헬기장 남쪽 작은 숲에 자라는 서어나무.

잎이 날 때 동시에 아래로 길게 늘어져 피는 수꽃, 작은 잎 모양의 과포에 싸여 익어가는 열매.

나 안정된 숲이 있기 때문이다. 음양오행에서 서쪽은 음陰을 나타낸다. 서어나무는 바로 이런 곳에 숲을 이룬다. 우리나라 중부 지방에서 사람의 간섭 없이 숲을 그대로 두면 기후나 환경조건에 맞게 성숙되고 안정화된 극상림極相林을 이룬다. 이런 숲엔 참나무 종류가 가장 흔하고 이어서 서어나무가 많다.

　서어나무는 한 아름이 훌쩍 넘는 크게 자라는 나무이나 독특한 나무줄기로 우리 눈에 잘 띈다. 줄기가 균등한 굵기로 자라지 않아 표면에 세로로 요철凹凸이 생겨서 마치 잘 다듬어진 보디빌더의 근육을 보는 것 같아서다. 서어나무는 몸체를 불려나가는 메커니즘이 좀 색다르다. 표면이 매끈한 대부분의 나무는 잎에서 만들어진 광합성 물질과 뿌리에서 흡수한 수분 및 영양분들을 이용하여 나이테를 만들 때 치우침 없이 골고루 나눠준

서어나무의 줄기는 자랄수록
울퉁불퉁해진다.

다. 그러나 서어나무는 나이테의 어느 한 부분에 집중적으로 더 많이 양분을 준다. 양분을 많이 받은 부위의 나이테는 넓어지고 적게 받은 부위는 좁아진다.

　　나무를 잘라서 보면 보통 다른 나무들은 나이테의 간격이 일정한 동심원인데 비하여 서어나무는 나이테 간격이 일정하지 않아 파도처럼 들쭉날쭉한 경우가 많다. 따라서 줄기의 표면은 울퉁불퉁해진다. 공예품을 만들지 않는 이상에야 켜서 판자로 쓰기에는 부적합하다. 게다가 건조하기 어려우며 잘 썩기까지 한다. 목재로서의 쓰임새는 별로인 셈이다. 불행히도 우리나

2004년 노무현 대통령이 기념식수한 백악정 서어나무에 단풍이 들었다.

라 극상림의 상당 부분은 쓸모가 별로 없는 서어나무 숲이다. 청와대 밖 백악정 앞에는 노무현 대통령이 기념식수한 서어나무가 자라고 있다. 그 외 헬기장 남쪽의 작은 숲, 성곽로 등에서도 가끔 만날 수 있다. 서어나무의 나무말은 '장식', '멍에' 등이다.

서어나무와 비슷한 소사나무가 있다. 서어나무보다 잎이 훨씬 작고 나무도 작게 자라므로 이름에 소小를 붙여 소서목小西木으로 부르다가 소사나무가 되었다. 우리나라에서는 주로 남서해안을 따라 자라며 분재로 널리 키우고 있다. 춘추관 바로 옆에는 분재로 키우다가 땅에 옮겨 심은 아담한 소사나무 한 그루가 자라고 있다.

청와대의 고목나무

청와대 자리는 고려 때는 수도 개경과 대비되는 남경의 궁궐이 있던 곳이라고 하며 조선시대에는 경복궁의 후원으로 쓰인 땅이다. 그러나 임진왜란 등 험난한 역사의 소용돌이 속에 제대로 관리가 되지 않아 남아 있는 고목나무는 많지 않다. 대부분 조선 후기 이후부터 자라는 나무들이다.

2022년 기준으로 나이 100살 이상인 청와대 경내의 고목나무를 알아보면 주목 1그루, 회화나무 4그루, 소나무 11그루, 반송 23그루, 느티나무 1그루, 말채나무 1그루, 오리나무 1그루, 용버들 1그루 등 43그루다. 이들 중 필자가 특별히 보호수나 서울특별시 기념물 혹은 천연기념물 등 국가가 따로 지정하여 관리할 필요가 있다고 보는 고목나무는 수궁터 주목(744살), 녹지원 회화나무(255살), 녹지원 반송(177살), 버들마당 용버들(약 100살)까지 4그루이다. 그 외 고목나무는 수궁터 소나무(193살)를 비롯하여 녹지원 반송 옆의 소나무(149살), 녹지원의 동쪽 소나무(154살), 대통령 기념식수인 춘추관 소나무(134살)와 관저 회차로 소나무(125살), 대정원 느티나무(167살), 상춘재 말채나무(149살), 침류각 오리나무(134살)가 있다.

청와대의 주요 고목나무에 대해 좀 더 구체적으로 알아본다.

수궁터 주목(1278년생, 744살)은 수궁터 가운데에 자라고 있으며 높이 6.5미터, 둘레 두 아름 반 정도이다.103쪽 사진 줄기의 대부분은 죽어버리고 세로로 띠처럼 이어진 한 뼘 남짓한 폭의 껍질로만 살아간다. 2022년 기준 나이가 744살에 이르러 5만 5천여 그루에 이르는 청와대의 전체 나무들 중 가장 나이가 많다. 이 주목은 옛 본관을 철거하고 정비하던 중 청와대 경내의 다른 곳에서 지금의 자리로 옮겼다고 알려져 왔다. 그러나 최근 문화재청에서 주목 뿌리의 흙을 채취하여 분석한 결과 수궁터가 아닌, 알 수 없는 외부에서 옮겨 심었음이 확인됐다. 서울이나 근교에서 조경수로 오랫동안 키우던 나무일 가능성이 가장 높지만 확인이 불가능하다. 또 주목은 원래 높은 산꼭대기에 주로 자라므로 불법으로 채취해 왔을 가능성도 전혀 배제할 수는 없다. 그러나 청와대의 가장 나이 많은 나무이며 상징성이 큰 수궁터에서 30여 년 자랐다는 점을 감안하면 보호수나 서울특별시 기념물 정도로 지정하여 관리할 값어치는 충분하다.

녹지원 회화나무(1767년생, 255살)는 청와대 안에 자라는 회화나무 고목 네 그루 중 가장 나이가 많다.187쪽 사진 녹지원 서쪽 둘레 길 용충교 옆에 있으며 키 22미터, 둘레 두 아름에 이른다. 사방으로의 가지 뻗음이 단정하여 한층 고목나무로서의 품위가 있다. 이 나무 이외에 상춘재 쪽으로 조금 올라가다 무명교 건너편 숲속의 태풍에 넘어져 구부정하게 자라는 동갑내기 255살 회화나무, 무명교 건너기 전 비슷한 나이로 짐작되는 또 한 그루의 회화나무까지 녹지원에는 세 그루의 회화나무 고목이 자란다. 또 녹지원에서 헬기장으로 통하는 문의 한쪽에, 1847년(헌종 13)부터 자라는 175살 회화나무도 있다.

조선시대 나라의 공신들이 왕에게 충성을 맹세하는 공신회맹功臣會盟의 행사를 했다. 그 터를 정선의 〈북단송음北壇松陰〉, 영조 때 제작된 도성도 등에서 찾을 수 있다. 회맹의식을 하던 제단을 회맹단이라 하였으며 그림이나 지도 속의 위치는 지금의 녹지원보다는 더 서쪽으로 보이지만 임금도 참석할 만큼 엄숙한 행사이니 주변에는 상징성 있는 나무도 심었을 것이다. 그런 나무로는 상서롭고 귀한 대접을 받은 회화나무가 제격이다.

녹지원 반송(1845년생, 177살)은 청와대 경내의 한가운데, 각종 행사를 여는 초록광장인 녹지원에 자란다.161쪽 사진 잔디밭에는 키 15미터, 줄기가 여덟 갈래로 갈라져 부챗살 모양으로 뻗어나가면서 반원형의 아름다운 반송 한 그루가 있다. 청와대의 반송 중에는 가장 나이가 많고 모양이 좋아 청와대의 대표 나무로 자리매김했다. 1920년대의 융무당 옛 사진에 이 반송이 제법 큰 나무로 나와 있기도 하다. 조선의 국운이 차츰 기울던 헌종 때 태어나 일제강점기를 거쳐 지금까지 우리의 현대사를 고스란히 지켜보고 있다. 어느 계절에 찾아가도 우아한 품위를 잃지 않고 조용히 맞아준다. 반송 옆에는 소나무 네 그루가 다소곳이 모여 서 있다. 반송과 소나무가 어우러져 녹지원의 아름다움을 한층 돋보이게 하는 작은 숲을 만들었다. 이 외에 청와대 정문 안 길 좌우에는 이승만 대통령 때 심은, 2022년 기준 나이 104살의 아름다운 반송 22그루도 자라고 있다.162쪽 사진

　　버들마당 용버들(약 100살)은 구불구불한 가지가 특징인 나무다.255쪽 사진 연풍문 안, 여민관과 경호실의 앞마당은 원래 지대가 낮아 습지처럼 되어 있던 곳이다. 북악산에서 출발한 실개천이 녹지원 숲속으로 흘러들어 잠시 숨을 고르다가 경복궁 신무문 옆을 지나 다시 경회루 연못으로 들어간다. 이곳을 정비할 때 본래 자라던 용버들 고목 한 그루는 그대로 살리고 정비를 마친 공간의 이름도 버들마당이라 했다. 일제강점기인 1915년 조선물산공진회와 1929년 조선박람회를 개최할 즈음인 1915~1929년 사이에 심거나 보호하기 시작한 나무로 짐작되므로 나이는 100살 전후로 추정한다. 줄기는 사람 허리 높이부터 셋으로 갈라져 있는데 키 22미터, 둘레 두 아름이나 된다. 우리나라 1만 3856그루의 보호수 고목나무 중 버드나무 종류가 554그루나 있으나 용버들 보호수는 한 그루도 없다. 알려진 용버들 중에는 가장 크다. 바로 건너는 경복궁 건청궁 일대다. 일제강점기의 험난한 우리 역사를 가장 가싸이서 보고 들은 나무이며 우리나라에서 가장 큰 용버들로서 생물학적인 의미도 크다.

　　수궁터 소나무(1829년생, 193살)는 청와대의 소나무 중 가장 나이가 많다. 북악산 자락인 청와대 경내에는 원래부터 소나무가 많았다. 이 소나무는 수궁터 아래서 비스듬하게 자라고 있다. 이외

에 녹지원 반송 옆에는 한 아름 전후의, 2022년 기준 149살인 동갑내기 소나무 고목 네 그루가 모여 반송 지킴이를 하고 있다. 녹지원의 동쪽에는 154살 된 소나무 한 그루도 자리를 지킨다. 또 춘추관 앞에 자라는 134살 된 소나무 세 그루와 관저 회차로의 125살 된 소나무 두 그루는 노태우 대통령의 기념식수다. 우리나라 보호수로 지정된 소나무는 1753그루이며 느티나무 다음으로 많다. 청와대 경내의 11그루에 이르는 소나무 고목 중 특별히 모양새가 좋거나 역사적이나 문화적 의미를 갖는 나무는 없다.

본관 앞 느티나무(1855년생, 167살)는 영빈관에서 본관 가는 길목 언덕에 자란다. 31쪽 사진 키 14미터에 둘레는 두 아름 남짓하다. 경내의 수궁터 아래에도 350살 느티나무, 정문 앞에도 두 그루의 큰 느티나무가 있었다고 하나 모두 없어졌다. 느티나무는 우리나라 고목나무 중에 가장 많으며 전국 보호수의 53퍼센트에 해당하는 7278그루가 느티나무다. 천연기념물 느티나무만도 20여 그루나 된다. 다른 느티나무 고목과 비교하여 특별히 의미를 부여하기는 어렵다.

상춘재 말채나무(1873년생, 149살)는 키 16미터, 둘레가 한 아름 반이나 된다. 말채나무는 나이를 먹으면 시커멓고 두꺼운 껍질이 불규칙하게 이리저리 그물처럼 갈라지는 것이 특징이다. 조경수로 잘 심지 않는 나무이며 상춘재 앞마당의 이 말채나무도 자연적으로 자라난 나무를 그대로 두어 이런 고목이 된 것이다. 말채나무는 인가와 가까운 당산 숲에서 비교적 흔히 볼 수 있는 나무다.

침류각 입구 오리나무(1897년생, 135살)는 키 22미터, 둘레 한 아름 반에 달한다.341쪽 사진 거의 같은 크기의 오리나무 두 그루가 함께 자라고 있으며 주변을 압도하듯 곧바르게 높이 자라 모양새가 좋다. 두 나무는 같은 오리나무지만 잎 모양이 한 나무는 넓은 타원형, 다른 나무는 좁고 긴 타원형으로 다른 나무처럼 보이기도 한다. 같은 나무의 자손이 아닐 가능성이 높다. 따라서 자연적으로 자라는 나무가 아니라 서로 다른 곳에서 가져다 심은 나무로 추정된다. 북악산 일대에서 물오리나무는 흔히 볼 수 있으나 오리나무는 거의 만날 수 없으며 더욱이 이렇게 큰 오리나무는 거의 남아 있지 않다. 예부터 쓰임이 다양하여 인가 근처에 흔히 심었으며 나이 230살인 경기 포천의 천연기념물 제555호 오리나무를 비롯하여 고목나무가 많이 남아 있다.

2022년 9월 청와대의 고목나무 중 녹지원 회화나무(세 그루), 녹지원 반송, 버들마당 용버들, 상춘재 말채나무까지 여섯 그루는 '청와대 노거수군'이란 명칭으로 천연기념물로 일괄 지정되었다. 다만 말채나무의 경우 2021년 말 기준 산림청에서 지정한 보호수만 전국적으로 29그루가 있으며 나이도 대부분 200~300살이다. 상춘재 말채나무가 천연기념물로서 값어치가 있는지에 대해서는 의견 수렴이 더 필요하다고 생각된다.

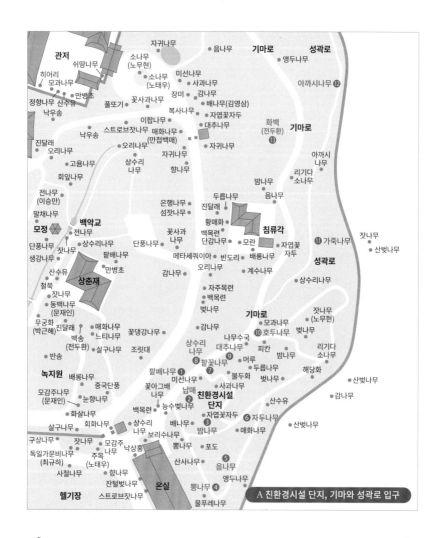

관저
쉬땅나무
히어리
모과나무
정향나무 산수유
만병초
낙우송
자귀나무
소나무
(노무현)
소나무
(노태우)
미선나무
사과나무
장미
감나무
음나무
앤두나무
기마로
성곽로
아까시나무 ⑫
진달래
오리나무
고욤나무
회잎나무
전나무
(이승만)
말채나무
낙우송
풀또기
꽃사과나무
스트로브잣나무
오리나무
이팝나무
매화나무
(만첩백매)
복사나무
배나무(김영삼)
자엽꽃자두
대추나무
화백
(전두환)
⑬
기마로
아까시
나무
리기다
소나무
상수리
나무
자귀나무
향나무
밤나무
음나무
모정
백악교
전나무
단풍나무
잣나무
생강나무
산수유
철쭉
잣나무
동백나무
(문재인)
무궁화
(박근혜)
진달래
백송
(전두환)
반송
상수리나무
팥배나무
만병초
상춘재
은행나무
섬잣나무
꽃사과
나무
단풍나무
메타세쿼이아
감나무
두릅나무
진달래
황매화
백목련
단감나무
빈도리
오리나무
자주목련
백목련
벚나무
모란
침류각
모란
배롱나무
계수나무
상수리나무
자엽꽃
자두
⑪ 가죽나무
잣나무
산벚나무
성곽로
녹지원
배롱나무
중국단풍
모감주나무
(문재인)
눈향나무
화살나무
살구나무
회화나무
느티나무
실구나무
조릿대
꽃댕강나무
상수리
나무
팥배나무 ①
미선나무
꽃아그배
나무
백목련
능수벚나무
상수리
나무
보리수나무
감나무
⑧ 팥꽃나무
⑦
상수리
나무
대추나무
⑨
납매
친환경시설
단지
②
배나무
③
밤나무
나무수국
사과나무
불두화
자엽꽃자두
피칸
머루
두릅나무
벚나무
산수유
⑩ 호두나무
모과나무
벚나무
리기다
소나무
해당화
잣나무
(노무현)
벚나무
산벚나무
감나무
⑥ 자두나무
산벚나무
기마로
구상나무
독일가문비나무
(최규하)
사철나무
살구나무
잣나무
모감주
나무
주목
(노태우)
향나무
낙상홍
뽕나무
포도
산사나무
음나무
⑤
앤두나무
잔털벚나무
스트로브잣나무
온실
뽕나무 ④
물푸레나무
헬기장

A 친환경시설 단지, 기마와 성곽로 입구

① 팥배나무   ⑥ 자두나무   ⑪ 가죽나무   ⑯ 귀룽나무

② 납매   ⑦ 팥꽃나무   ⑫ 아까시나무   ⑰ 때죽나무

③ 밤나무   ⑧ 상수리나무   ⑬ 화백   ⑱ 노간주나무

④ 뽕나무   ⑨ 대추나무   ⑭ 쥐똥나무

⑤ 음나무   ⑩ 호두나무   ⑮ 회양목

B 기마로

팥배나무 · 갈참나무 · 편백나무 · 리기다소나무 · ⑱ 노간주나무 · 팥배나무 · 물오리나무 · 단풍나무 · 물오리나무 · 아까시나무 · 물오리나무 · ⑮ 회양목 · 가죽나무 · ⑭ 쥐똥나무 · ⑯ 귀룽나무 · 자엽꽃자두 · 때죽나무 · 뽕나무 · 개암나무 · 성곽로 · 다릅나무(연리목) · 쥐똥나무 · 아까시나무 · 귀룽나무 · 기마로 · 기마로 · 산벚나무 · ⑰ 때죽나무 · 살구나무 · 다릅나무 · 사철나무

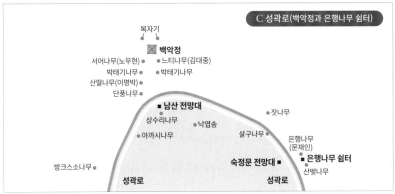

C 성곽로(백악정과 은행나무 쉼터)

복자기 · 백악정 · 서어나무(노무현) · 느티나무(김대중) · 박태기나무 · 박태기나무 · 산딸나무(이명박) · 단풍나무 · 남산 전망대 · 잣나무 · 상수리나무 · 낙엽송 · 아까시나무 · 살구나무 · 은행나무(문재인) · 숙정문 전망대 · 은행나무 쉼터 · 방크스소나무 · 산벚나무 · 성곽로 · 성곽로

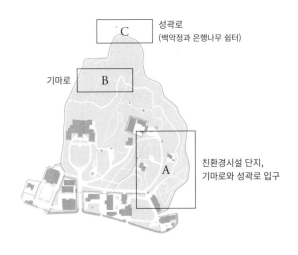

C 성곽로
(백악정과 은행나무 쉼터)

기마로   B

친환경시설 단지,
기마로와 성곽로 입구

A

온실 앞에서 동쪽으로 난 계곡 일대는 친환경시설 단지다. 10개 시·군에서 2009년부터 지역의 대표 유실수를 선정하여 가져와 이곳에 모아 기르고 있어 한때는 유실수 단지라고 불리기도 했다 입구에는 한 아름에 이르는 상수리나무와 팥배나무가 다른 나무들을 내려다보고 있다. 개울 건너에는 키 4미터 정도의 납매臘梅 한 그루가 포기를 이루어 자란다. 서울의 매서운 추위를 아랑곳 않고 1월 말에 노란 꽃망울을 맺어 설 전후인 2월 초면 꽃이 핀다. 매화보다 훨씬 먼저 청와대에 봄소식을 전하는 첫 전령이다. 맨 안쪽에는 노무현 대통령이 직원들과 함께 심은 잣나무 몇 그루가 작은 숲을 이룬다.

친환경시설 단지 끝자락에서 시작하는 기마로 입구에는 호두나무와 피칸이 수문장처럼 버티고 있다. 길은 침류각 뒤 전두환 대통령이 심은 잣나무·화백 숲을 지나 본관 북쪽으로 이어진다. 산새 소리를 들으면서 생각을 정리할 수 있는, 청와대 경내에서 가장 조용한 산책로다. 소나무와 잣나무가 곳곳에 어우러져 있다. 작은 능선을 넘어서면 본관 뒤쪽과 연결되는 계곡이다. 이곳에서 초봄에 잎이 가장 먼저 나오는 귀룽나무를 여러 그루 만날 수 있다. 다릅나무 연리목이 특히 눈에 띄고 때죽나무와 사철나무도 찾을 수 있다.

청와대 담장을 따라 이어지는 성곽로는 북악산으로 연결

되며, 이 길은 온통 소나무 밭이다. 거의 한 아름에 이르는 상수리나무가 길의 초입을 지키고 있으며 주변에는 이팝나무, 벚나무가 함께 숲을 풍성하게 하고 있다. 키 21미터, 둘레 한 아름이 훌쩍 넘는 가죽나무를 비롯하여 큰 음나무도 덩치를 자랑한다. 키 20미터에 둘레 한 아름이 넘는 아까시나무 등 위엄 있는 고목나무들은 여기가 청와대 경내라는 것을 잠시 잊게 한다. 제법 큰 쉬나무, 키 16미터에 한 아름이 훨씬 넘는 비술나무, 한 아름이 조금 안 되는 벚나무, 큰 말채나무가 숲을 지키고 있다. 길을 따라 올라가면 말바위 전망대, 숙정문 전망대, 남산 전망대를 거쳐 인왕산 전망대에 닿는다. 담장 너머로 눈에 들어오는 인왕산의 경치는 다른 곳에서는 볼 수 없는 절경이다. 여전히 이어지는 소나무 숲은 졸참나무, 갈참나무, 팥배나무, 아까시나무, 벚나무 등의 다양한 넓은잎나무를 함께 품고 있다. 이곳에서 본관까지는 숲길에 큰 변화는 없지만, 다소 낯선 노간주나무가 눈에 띈다. 자라는 곳이 온통 바위투성이여서 어디에다 뿌리를 박고 살아가는지 잘 보이지 않을 정도다.

청와대의 서쪽 끝은 칠궁七宮과 맞닿아 있다. 칠궁은 조선시대에 왕을 낳은 친모이지만 왕비의 반열에는 오르지 못한 일곱 후궁의 신위를 모신 곳이다. 출입문인 외삼문을 들어

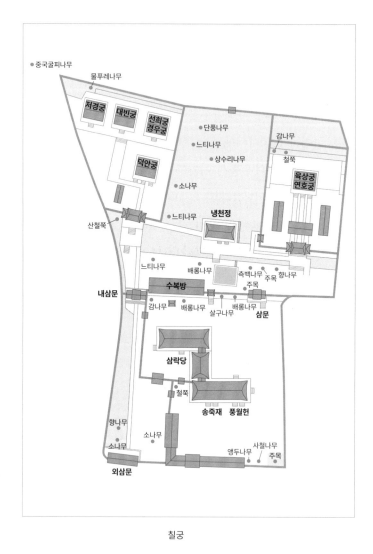

중국굴피나무
물푸레나무

저경궁 대빈궁 선희궁
경우궁

덕안궁

단풍나무
느티나무
상수리나무

감나무
철쭉

육상궁
연호궁

소나무

느티나무

냉천정

산철쭉

느티나무

배롱나무

측백나무 주목 향나무

수복방

주목

내삼문

감나무 배롱나무

살구나무

배롱나무

삼문

삼락당

철쭉

송죽재 풍월헌

향나무

소나무

소나무

앵두나무

사철나무

주목

외삼문

칠궁

406

서면 좌우로 소나무 10여 그루와 향나무 고목 한 그루를 만날 수 있다. 재실 중 하나인 삼락당三樂堂의 뒤에는 흰 꽃 배롱나무들과 살구나무, 감나무가 나란히 자라고 있다. 오른쪽의 삼문을 지나 육상궁毓祥宮으로 들어서면 다시 향나무 세 그루와 주목이 나란히 서 있다. 가운데의 냉천정冷泉亭 뒤쪽으로는 소나무 여러 그루와 아름드리 상수리나무 및 느티나무, 단풍나무 등이 섞여 숲을 이룬다. 이어 수복방 앞에는 두 아름이 훌쩍 넘는 느티나무 한 그루가 서 있다. 칠궁 바깥 서북쪽 창의문로 길 건너에는 두 아름에 이르는 중국굴피나무 고목이 있다.

팥배나무

Korean mountain ash / 甘棠, 棠梨, 豆梨

* * *

팥을 닮은 열매와 배꽃 같은 하얀 꽃

과명	학명
장미과	*Sorbus alnifolia*

팥배나무는 전국 어디에나 자라며, 다 자라면 아름드리 큰 나무
가 된다. 늦은 봄날 가지 끝에 손톱 크기의 하얀 꽃이 접시 모양
의 꽃차례를 만들면서 무리 지어 핀다. 잎이 돋아나고 얼마 되
지 않아 꽃이 피므로 진한 초록 잎을 바탕으로 새하얀 꽃이 금
방 눈에 들어온다. 벌과 나비가 쉽게 찾을 수 있도록 배려한 것

겨울철 친환경시설 단지의 팥배나무.

늦봄에 무리 지어 피는 흰 꽃.

이다. 또 많은 꿀샘을 가지고 있어서 밀원식물로도 손색이 없다. 타원형의 잎은 가장자리가 불규칙한 이중톱니를 가지고 있고, 10~13쌍의 약간 돌출된 잎맥이 뚜렷하다.

　팥배나무는 환경을 거의 가리지 않는다. 햇빛이 잘 드는 곳을 좋아하지만 그늘이 져도 잘 버틴다. 메마른 산성토양에도 강하여 청와대 뒷산인 북악산이나 북한산 등 화강암지대에 널리 분포한다. 청와대 경내 친환경시설 단지 입구에도 굵은 팥배나무가 자란다. 기마로 위아래의 숲에서 여러 그루를 만날 수 있고 담장 밖 북악산으로 올라갈수록 더 자주 눈에 띈다. 가을의 팥배

팥배나무 열매와 단풍.

나무 가지에는 팥알보다 약간 큰 붉은색 열매가 수없이 달린다. 맛이 없어서 사람에게는 인기가 없지만 산새와 들새에게는 귀한 먹이다. 열매는 팥을 닮았고 꽃은 하얗게 피는 모습이 배나무 꽃 같다 하여 팥배나무라는 이름이 붙었다.

좋은 정치를 하는 관리에 대한 존경과 믿음, 그리고 사모하는 마음이 간절함을 나타내는 '감당지애甘棠之愛'란 말이 있다. 《시경》에 나오는 말로 주나라의 소공召公이 베푼 선정에 백성들이 감동하여 그가 쉬어 갔다는 감당나무를 소중하게 받들었다는 고사다. 감당나무를 흔히 팥배나무라고 이야기하나, 나무의 특성으로 봐서 필자는 돌배나무나 사과나무 등 과일나무로 짐작하고 있다. 중국이나 일본에서도 감당나무를 팥배나무라고 보지는 않는다. 꽃말은 '평화'라고 한다.

납매

Wintersweet / 臘梅, 蠟梅

● ● ●

섣달에 피는, 매화를 닮은 꽃나무

과명	학명
납매과	*Chimonanthus praecox*

청와대에서 가장 먼저 꽃을 피워 봄을 여는 나무는 무엇일까? 매화로 생각하기 쉽지만 새해를 시작하는 1월 말쯤 벌써 꽃봉오리를 터뜨리는 납매臘梅가 주인공이다. 납臘은 음력 12월, 섣달을 말하며 매梅는 매화다. '섣달에 피는 매화를 닮은 꽃'이라는 뜻이다. 물론 매화와는 과科가 다른 별개의 식물이지만 옛사람들은

1월 말이면 꽃봉오리를 터뜨리는 납매. 청와대 경내에서 자라는 나무 중 가장 먼저 꽃이 핀다.

겉은 노랗지만 속은 검붉은색을 띄는 꽃, 잣을 닮은 씨앗을 품은 열매.

꽃이 좀 일찍 피는 나무들은 흔히 매화에서 이름을 따다 붙였다.

청와대의 친환경시설 단지 입구에는 키 4미터, 여러 갈래로 갈라져 자라는 납매가 자리 잡고 있다. 이 나무는 청와대에서 가장 먼저 꽃망울을 터뜨려 봄이 오고 있음을 알려주는 전령 역할을 한다. 조금은 앙상하고 가느다란 납매의 겨울 가지에 마주 붙은 꽃눈이 콩알처럼 노랗게 변하면 곧 꽃을 피운다는 신호다. 이어서 2월 초, 늦어도 2월 중순이면 여러 겹의 얇고 노란 꽃잎으로 이루어진 겹꽃이 반쯤 벌어지면서 본격적으로 피기 시작한다. 향기가 강하지는 않지만 꽃으로서 체면을 유지하기에는 충분하다.

자그마한 꽃잎 하나하나는 은은한 연노란 색에 밀랍을 먹인 것처럼 매끄럽고 얇다. 밀랍 성분이 들어 있는 덕분에 밤이면 영하로 떨어지는 1월의 기온에도 얼지 않는다. 그래서 옛 문헌에는 밀랍 납蠟 자를 써서 납매라고 하는 경우도 흔하다. 정면에서 꽃을 보면 가운데 꽃잎은 검붉은색으로 바깥의 노란 꽃잎과 대비된다. 노란색은 황제를 상징하는 색으로 색깔 중 가장 귀하고 아름답다고 여겨진다. 납매는 여러 재배품종이 있지만 꽃 전체가 모두 노란 소심납매素心臘梅를 흔히 심는다.

납매의 원산지는 중국 중남부다. 우리나라에 들어온 시기는 알려져 있지 않지만 무척 오래되었다. 키 4미터 정도까지 자라는 잎지는 넓은잎나무다. 줄기는 포기를 이루어 여러 그루가 모여 자란다. 꽃이나 꽃봉오리로 짠 기름은 약용으로 쓰인다. 꽃이 지면 곧 열매가 맺히는데, 베를 짤 때 쓰는 북과 같은 독특한 모양이다. 크기나 생김새가 잣과 꼭 같은 씨앗도 재미있다. 꽃말은 '앞장섬', '선견지명' 등으로 추위를 뚫고 피는 납매의 특성을 잘 나타내고 있다. 그 외에 '애정', '자애로움' 등도 있다.

밤나무

Korean castanea / 栗

• • •

밤톨 세 알, 제사상에 올리는 이유

과명	학명
참나무과	*Castanea crenata*

여름의 발걸음이 차츰 빨라지는 6월 중순쯤 연한 잿빛 가발을 늘어트린 듯한 밤꽃이 핀다. 대부분 가늘고 기다란 수꽃이며 암꽃은 꽃대 아래에 앙증맞은 작은 혹처럼 붙어 있다. 일반적으로 꽃이라면 코끝을 스치는 달콤한 향기로 우리를 유혹하지만 밤꽃에서는 조금 특별한 냄새가 난다. 약간 쉰 냄새에 시큼하기까지 하

친환경시설 단지의 밤나무. 달콤한 향기 대신 조금 특별한 냄새가 나는 꽃이 가득 피었다.

밤나무의 암꽃, 날카로운 가시로 무장한 밤송이와 그 안의 밤톨.

여 남자의 정액 냄새와 같다고도 말한다. 옛 여자들은 양향陽香
이라는 이 냄새를 부끄러워하여 밤꽃이 필 때면 외출을 삼가기
도 했다. 아까시나무가 우리나라에 들어오기 전까지 밤꽃은 질
좋은 꿀이 나는 귀한 꽃이었다. 밤꽃이 지고 나면 밤나무는 잠
시 잊히지만 가을에 접어들고 밤알이 익으면 다시 한번 관심을
끈다.

밤은 유교의 조상 숭배와도 관련이 있다. 조선시대 국가 의
식을 규정한 책인《오례의五禮儀》에 따르면 길례와 흉례 때 모두
밤을 상에 올렸다. 밤이 이렇게 귀중하게 쓰인 것은 고소한 영양
가 만점의 과실이기 때문만은 아니다. 원로 임학자 임경빈 교수
에 따르면 다른 이유가 있다고 한다. 가을날 벌어진 밤송이를 보
면 안에 씨알의 굵기는 약간씩 차이가 있지만 보통 밤알이 세 개

나이 약 600살에 이르는, 밤나무 중 가장 크고 오래된 천연기념물 제498호 평창 운교리 밤나무.

씩 들어 있다. 후손들이 영의정, 좌의정, 우의정으로 대표되는
삼정승을 한 집안에서 나란히 배출시키라는 염원이 담겨 있다
는 것이다. 예나 지금이나 자식을 향한 바램은 끝이 없었던 모양
이다.

　다른 해석도 있다. 밤나무가 새싹을 내밀 때 밤 껍질은 땅속
에 남겨두고 싹만 올라온다. 타닌이 많은 밤 껍질은 땅속에서 오
랫동안 썩지 않고 그대로 붙어 있다. 이런 밤의 특성 때문에 옛
사람들이 자기를 낳아준 부모의 은덕을 잊지 않는 나무로 보았

밤나무 잎, 너도밤나무 잎, 나도밤나무 잎.

다는 것이다.

　밤나무의 또 다른 귀중한 쓰임은 제사용품이었다. 나라의 제사 관련 업무를 관장하던 봉상시奉常寺에서는 신주神主와 신주 궤匱를 반드시 밤나무 목재로 만들었고, 백성들도 위패位牌와 제상祭床 등을 대부분 밤나무로 만들었다. 왕실에서는 밤나무의 수요가 많아지자 밤나무 벌채를 금지하는 율목봉산栗木封山까지 두기도 했다.

　밤은 나무에 달리는 열매 중에 식량으로 대신할 수 있을 만큼 영양분이 풍부하다. 탄수화물이 30~50퍼센트에 이르며 지방, 당분, 식이섬유, 회분 등 사람에게 필요한 영양분이 고루고루 들어 있으니 어떤 식품에도 뒤지지 않는다. '밥'이 달리는 이 귀한 나무를 두고 밥나무라고 부르다가 지금의 밤나무가 되었다고 필자는 믿고 있다. 멀리 고려 때부터 식량자원으로서 밤나무 심기를 강조해 왔으며 1970년대에는 정부 주도로 식목일 행사에 대대적인 밤나무 심기를 장려했다. 밤나무의 나무말은 '만족', '호사스러움', '정의', '공평', '포근한 사랑' 등 여럿이다.

우리 선조들은 단순한 간식거리가 아니라 귀중한 식량자원인 밤을 끔찍이 아꼈다. 귀한 것에 유사품이 생기기는 예나 지금이나 마찬가지, 너도밤나무가 있는가 하면 나도밤나무도 있다. 너도밤나무는 울릉도에만 자라는 특별한 나무다. 잎은 밤나무보다 약간 작고 더 통통하게 생겼으나 전체적으로 밤나무와 매우 닮았다. 이 나무를 눈여겨본 사람들은 '너도 밤나무처럼 생겼구나!'라고 생각했을 터, 자연스럽게 너도밤나무란 이름이 붙었다. 밤나무와 함께 참나무 무리에 들어가는 이 나무는 잎뿐만 아니라 도토리 모양 열매의 특징으로 봐도 밤나무의 유전자가 조금 섞였으니, 출세한 친척의 이름을 빌려 쓴 것을 이해할 만한 구석이 있다.

그러나 남부 지방에 자라는 나도밤나무는 족보를 따지면 밤나무와 과科가 다를 만큼 완전히 남남이다. 콩알만 한 새빨간 열매가 줄줄이 매달리는 점에서도 영 생뚱맞다. 다만 진짜 밤나무 잎보다 약간 크고 잎맥의 숫자가 조금 많은 잎 때문에 언뜻 보면 밤나무로 착각할 수 있을 뿐이다.

뽕나무

White mulberry / 桑

* * *

누에 치고 비단 짜는 일은 나라의 기간산업

과명	학명
뽕나무과	*Morus alba*

서울 성북구 성북동 성북초교 옆에는 선잠단先蠶壇이 있다. 조선 성종 때 누에 치고 비단 짜는 신선인 서릉씨西陵氏에게 제사를 올리는 제단으로 만든 곳이다. 이처럼 뽕나무를 키워 누에를 치고 비단을 짜는 일은 예부터 농업과 함께 농상農桑이라 하여 나라의 근본으로 여겼다. 비단은 당시로서는 오늘날 반도체나 자

친환경시설 단지 언덕에서 만날 수 있는 산뽕나무 고목.

심장형이 기본이나 간혹 깊게 갈라지는 잎, 뽕나무의 열매인 오디.

동차만큼이나 나라의 중요한 생산품이었기 때문이다. 조선 개국 후에는 비단 생산을 더욱 늘려야 할 필요성이 생겼다. 처음 나라를 열어 불안정한 민심을 수습하고 백성이 편안히 살게 하려면 산업 생산을 늘려야 했을 뿐만 아니라, 새로운 지배층의 품위를 지키기 위한 비단의 수요도 만만치 않았다.

뽕나무는 단순히 잎을 따서 누에치기에만 쓰인 것은 아니다. 우선은 약의 원료로서 뽕나무의 쓰임새는 끝이 없다. 열매인 오디는 가난하던 시절 맛있는 간식거리였고, 건조시키면 한약재로 둔갑한다. 이뇨 효과가 있고, 기침을 멈추게 하고, 강장작용을 하며 기타 여러 질병의 치료에도 효과가 있는 것으로 알려져 있다. 누에에게 먹일 잎을 쉽게 따기 위해 자꾸 잘라대는 탓에 우리가 흔히 보는 뽕나무는 사람과 비슷한 키다. 그러나 본래 제

서울 성북구 성북동 선잠단. 본래 흔적만 남아 있었으나 발굴조사 후 복원하였다.

키대로 자라게 두면 아름드리가 되는 큰 나무다. 나무속은 약간 노랗고 단단하며 질기고 잘 썩지 않아서 옛날에는 밤나무와 함께 조상의 신주를 모시는 위패를 만드는 데 썼고, 목선의 겉 판자를 잇는 나무못으로 쓰기도 하였다. 그리고 옛날의 뽕나무 밭은 '님도 보고 뽕도 따던' 만남의 광장이었다. 무성한 잎으로 은밀한 사랑 놀음을 가려줄 수 있었기 때문이다.

1933년에 일본에서 발견된 신라민정문서에도 뽕나무 재배 기록이 있다. 고려 때에도 누에치기를 권장하였고 조선왕조

서울 서초구 잠원동의 유래를 알 수 있는 서울특별시 기념물 제1호 뽕나무.

에 들어와서는 왕비가 친히 누에를 치는 친잠례親蠶禮가 거행되
었다. 각 지방 좋은 장소에 뽕나무를 널리 심도록 했고 누에치기
전문기관인 잠실蠶室을 설치했다. 그러다가 중종 때는 효율적으
로 관리하기 위해 각 도에 있는 잠실을 서울 근처로 옮긴다. 그
때 그 장소가 오늘날의 서초구 잠원동蠶院洞 일대다. 이곳에는
조선 초기에 심긴 큰 뽕나무 한 그루가 잠실을 상징하며 천연기
념물 제77호로 지정되어 있었다. 그러나 1960년대에 죽어버리
자 1973년 죽은 줄기 옆에다 새로 뽕나무를 심고 서울특별시 기

념물 제1호로 지정하여 함께 보호하고 있다. 세상이 너무 변하여 옛 정취를 찾을 수도 없게 되면 '상전벽해桑田碧海'라고 하는데, 딱 그에 맞는 상황이다.

뽕나무는 다 자라면 줄기의 둘레가 한두 아름에 이른다. 나무껍질은 세로로 깊게 갈라지고 속껍질이 노란 것이 특징이다. 잎은 달걀 형태로 밑은 하트 모양에 가깝고, 끝은 꼬리 모양으로 길고 둔하고 불규칙한 톱니가 있다. 가끔 깊게 파인 잎이 달려서 전혀 다른 나무처럼 보이기도 한다. 꽃은 봄에 피며, 딸기처럼 생긴 열매인 오디는 까맣게 익는데 크기가 새끼손가락 마디만 하다. 뽕나무 무리에는 잎의 끝이 점점 뾰족해지는 뽕나무와 거의 비슷하나 잎의 끝이 꼬리처럼 긴 산뽕나무가 있으나 구별하기가 어렵다. 청와대 경내에 있는 뽕나무는 모두 산뽕나무인데 친환경시설 단지와 오운정 뒤, 기마로에서도 만날 수 있다. 나무말은 '지성', '지혜', '못 이룬 사랑' 등이다.

음나무

Prickly castor oil tree / 刺桐, 海桐木

• • •

가시투성이 가지로 귀신을 쫓아내다

과명	학명
두릅나무과	*Kalopanax septemlobus*

음나무는 이름이 둘이다. 국가표준식물목록에는 음나무로 등재되어 있지만 '엄나무'로 쓰는 경우가 오히려 더 많다. 가시가 엄嚴하게 생겨서 붙었다는 엄나무란 이름이 특징을 더 잘 나타내는 것 같다. 아무튼 음나무는 이 위압적인 가시와 함께 오리발처럼 생긴 커다란 잎이 특징인데 벽오동 및 오동나무 잎사귀와 닮아

친환경시설 단지의 음나무. 엄나무라고도 부른다.

5~9갈래로 갈라지는 넓은 잎, 여름에 피는 꽃.

서 한자 이름은 '가시가 있는 오동나무'라는 뜻의 자동刺桐이다.

청와대 경내의 깊은 숲으로 들어가는 기마로, 담장을 따라 난 성곽로로 올라가다 보면 제법 굵은 음나무를 띄엄띄엄 만날 수 있다. 사람이 일부러 심은 것은 아니고, 북악산 산새들이 씨를 퍼뜨린 것 같다. 음나무에는 잎이 다 나오고 한참이나 지난 여름날 우윳빛 작은 꽃이 모여 핀다. 가을에 콩알 굵기의 새까만 열매가 잔뜩 달리는데 안에 씨앗 하나만 들어 있는 핵과다. 과즙이 많으므로 산새들이 무척 좋아한다. 산새가 열매를 먹고, 씨앗이 위장을 통과하면서 두꺼운 껍질이 얇아져 배설되고, 그 씨앗이 싹을 틔우는 식으로 자손을 퍼트린다.

음나무는 이른 봄날 유난히 굵고 큰 새순을 내미는데, 이 새순은 쌉쌀하고 달콤하면서 부드럽다. 두릅과 마찬가지로 사람이나 초식동물들이 너무 좋아하는 봄나물이다. 두릅을 좋아하는 이가 많겠지만 입맛 까다로운 식도락가들은 쌉쌀한 감칠맛이 나는 음나무 새순을 더 고급으로 친다. 그래서 음나무의 또 다른 이름은 개두릅나무다. 사정이 이러하니 살아남기 위해 음나무 선조들도 특별 대책이 필요했다. 어린 가지를 험상궂은 가시로 촘촘하게 둘러쌌다. 감히 범접할 엄두를 못 내게 하자는 것이다. 어릴 때는 이런 가시를 달고 있다가 나무가 자라 줄기가 굵어지면 차츰 사라져서 큰 나무가 되면 완전히 없어진다. 이렇게 초식동물을 이겨내는 데는 성공했지만 사람들 등쌀은 이겨내지 못했다.

가시투성이 음나무 가지는 귀신을 쫓아내는 데도 쓰인다. 유교의 세계관에 따르면 사람은 정신을 이루는 혼魂과 육신을 이루는 백魄으로 구성된다. 죽음이란 둘이 분리되어 혼은 하늘로 올라가고, 백은 땅속에 묻혀 흙이 되는 것이라 여겼다. 혼이 제대로 대접을 받지 못해 악귀가 되어 인간세계를 돌아다니면 온갖 병과 불행을 퍼뜨린다고 믿었다. 이런 악귀가 집안에 못 들어오게 막는 방법의 하나가 음나무 가지 묶음을 대문간 위에 걸쳐놓거나 큰방 문설주 위에 가로로 걸어두는 것이었다. 옛사람들은 악귀도 저승사자처럼 펄럭이는 도포를 입고 다닌다고 믿었고, 음나무 가지를 걸어두면 옷이 가시에 걸려 집에 들어오지 못

나물로 먹는
두릅나무의 새순,
늦여름에 핀 두릅나무 꽃.

할 거라 여겼다.

음나무 껍질은 해동피海桐皮라고 부르는데 약재로 쓰인다. 《동의보감》에서는 "허리와 다리를 쓰지 못하는 것과 마비되고 아픈 것을 낫게 한다. 이질, 곽란, 옴, 버짐, 치통 및 눈에 핏발이 선 것 등을 낫게 하며 풍증을 없앤다"라고 하였다. 민간 처방에서도 널리 쓰인다. 게다가 음나무 가지를 넣어 끓인 국물로 닭을 삶은 음나무 닭백숙은 옻닭과 더불어 여름 보양식의 으뜸으로 알려져 있다. 험상궂은 가시 때문에 나무말은 '방어', '경계' 등이다.

음나무처럼 새순을 나물로 먹는 식물로 두릅나무가 있다. 두릅나무 새순은 사람뿐만 아니라 초식동물들도 좋아한다. 음나무처럼 가지마다 날카로운 가시를 촘촘히 박아 대비책을 세웠다. 그래도 사람의 지혜는 당하지 못한다. 그런데 요즈음 들어 두릅나무 새순이 돈이 되면서 아예 없어질까 걱정이다. 한 번만 따야 할 새순을 여러 번 싹둑 자르는 탓이다. 저장한 양분으로 다시 한번 싹을 내밀기 위해 안간힘을 써보지만 목숨을 부지할 방법이 없다. 자칫 식물원에 가야만 두릅나무를 볼 수 있는 날이 오지 않을까 두렵다. 청와대 경내에는 침류각 주변과 친환경시설 단지에 두릅나무 20여 그루가 심겨 있다.

자두나무

Plum tree / 李, 紫桃

* * *

'오얏'으로 더 잘 알려진 이李씨의 나무

과명	학명
장미과	*Prunus salicina*

이李를 옥편에서 찾아보면 '오얏 리'라고 나온다. 오얏은 자두의 옛 이름이다. 조선왕조를 세운 이성계가 이씨이니 조선왕조의 나무이기도 하다. 그러나 실제로 자두나무를 조선 왕실에서 특별히 대접했다는 기록은 없다. 다만 1897년 고종황제가 대한제국을 선포하면서 황실을 상징하는 문양에 자두나무 꽃을 사용하

활짝 꽃이 핀 친환경시설 단지의 자두나무.

자두나무의 흰 꽃, 붉다 못해 자주색으로 익는 개량종 자두 열매.

기 시작했다. 이후 황실의복과 용품, 조명기구를 비롯한 각종 기물 등에 두루 새겨졌다. 최초로 발행된 우표도 자두나무 꽃과 태극무늬가 들어 있어 이화李花우표라고 한다. 건축물로는 창덕궁 인정전과 인정문의 용마루, 덕수궁 석조전의 삼각형 박공에서 오얏꽃문양을 만날 수 있다.

자두나무는 봄날이 되면 잎보다 먼저 새하얀 꽃이 무리 지어 핀다. 옛 이름은 '오얏'이며 한자 문헌 일부에서만 자도紫桃란 이름을 찾을 수 있을 뿐이다. 그러나 개화기의 학자들이 나무 이름을 새로 붙일 때, 익숙한 한글 이름 오얏 대신에 보랏빛이 강하고 복숭아를 닮았다는 뜻의 자도를 선택했다. 지금은 자두가 정식 이름이 됐다. 북한에서는 추리나무라고 하는데 자두의 또 다른 이름 자리紫李가 변한 것이다. '이하부정관李下不整冠'은 자

관저 앞 정원에 조경수로 심은 자엽꽃자두.

두나무 밑에서는 갓을 고쳐 쓰지 않는다는 말로, 의심받을 만한 행동은 아예 처음부터 하지 말라는 뜻이다. 꽃말은 새하얀 꽃으로 '정절', '순박함' 등이며 그 외 '충실함', '성실함'이다.

청와대 경내에는 잎이 나올 때부터 적자색이다가 가을로 갈수록 짙어지는 자엽꽃자두가 자두나무와 함께 자란다. 봄에 연한 핑크빛 꽃이 피고 여름에 열매가 익는데 최근 조경수로 많이 심는다. 관저 앞 정원과 친환경시설 단지에 자두나무와 자엽꽃자두가 몇 그루 섞여 있다.

팥꽃나무

Lilac daphne / 芫花

● ● ●

보랏빛 꽃이 뭉치로 피는 자그마한 우리 꽃나무

과명	학명
팥꽃나무과	*Daphne genkwa*

이름부터 생소하다. 서남해안을 따라 황해도 장산곶까지 바닷바
람을 맞으면서 드물게 자라는 나무라 만나기가 쉽지 않기 때문
이다. 꽃 하나하나는 작은 깔때기 모양의 꽃통에 꽃잎이 넷으로
갈라져 있다. 새끼손톱 크기의 작은 꽃이다. 팥꽃나무는 허리춤
남짓한 자그마한 나무로 봄이 무르익는 4월 중하순, 잎이 나오기

서남해안 따라 바닷가에서 자라고 조기가 잡힐 때 꽃을 피워 조기꽃나무라고도 불리는 팥꽃나무.

마주 나고 긴 타원형인 잎, 꽃잎이 네 갈래인 작은 꽃.

전에 가지를 감싸 두르듯 붉은 보라색 꽃이 뭉치로 핀다. 잎겨드
랑이에 3~7개씩 꽃이 피고 꽃자루가 짧아 꽃 핀 가지는 꽃무리
가 수십 개씩 모여 꽃방망이를 만든다. 꽃에는 유독성분이 들어
있으므로 함부로 입에 넣어서는 안 된다. 꽃이 피어날 때의 빛깔
이 팥알 색깔과 비슷하다 하여 '팥빛 꽃나무'란 뜻의 팥꽃나무가
되었다. 일부 지방에서는 이 꽃이 필 때쯤 조기가 많이 잡힌다
하여 조기꽃나무라고도 한다.

　　팥꽃나무는 바다 갯바람과 마주하는 메마르고 척박한 땅에
살다 보니 생명력이 강하다. 양지바르고 물 빠짐이 좋은 자리면
거의 투정을 부리지 않는다. 키는 작아도 뿌리를 깊이 뻗는 성질
이 있어서 돌 틈에 심어도 좋다. 온 나라 여기저기를 온통 일본
원산의 영산홍으로 뒤덮지 말고 우리의 아름다운 팥꽃나무 심기

팥알과 비슷한 색으로 무리 지어 활짝 핀 팥꽃나무 꽃.

를 권하고 싶다.

　팥꽃나무의 꽃봉오리를 따서 말린 것은 완화荒花, 혹은 원화
荒花라고 하여 귀한 한약재로 이용했다. 《동의보감》에는 "맵고 쓰
며 독이 많다. 옹종, 악창, 풍습증을 낫게 하며 벌레나 생선의 독
을 푼다"라고 하였고, 주로 염증의 치료제로 쓰인다. 팥꽃나부는
서향, 백서향, 삼지닥나무, 두메닥나무 등 강한 향기나 아름다운
꽃을 갖는 나무들과 친척 간인데 정작 자신은 향기가 약한 것이
아쉽지만 예쁜 꽃으로 충분히 보상을 한다. 청와대에는 2019년
봄에 팥꽃나무를 처음 심어 봄날을 더 다채롭게 하고 있다.

상수리나무

Sawtooth oak / 橡, 靑剛樹

● ● ●

농사가 흉년이면 도토리는 풍년!

과명	학명
참나무과	*Quercus acutissima*

도토리를 달고 있는 몇 종류의 나무를 한꺼번에 부를 때 참나무라고 한다. 옛사람들은 나무 중의 나무, '진짜 나무'라는 뜻으로 진목眞木이라 했다. 참나무는 그 이름에 부끄러움이 없을 만큼 예부터 유익한 나무였다. 우리나라에는 상수리나무를 비롯하여 굴참나무, 졸참나무, 갈참나무, 신갈나무, 떡갈나무 등 여섯 종

참나무 하면 가장 먼저 떠올리게 되는 상수리나무. 친환경시설 단지에 있다.

1

2

4

5

류의 참나무가 자란다. 청와대 경내에서는 상수리나무를 가장 흔히 만날 수 있고 갈참나무, 굴참나무도 가끔 있다. 북악산에는 신갈나무가 많고 졸참나무도 자주 보이는 편이다. 떡갈나무는 찾지 못했다.

상수리나무 등 참나무는 모심기가 한창인 5월 무렵에 암꽃과 수꽃이 따로 피며 바람의 도움으로 꽃가루받이를 하는 풍매

3

6

1. 상수리나무 잎과 도토리
2. 굴참나무 잎과 도토리
3. 졸참나무 잎과 도토리
4. 갈참나무 잎과 도토리
5. 신갈나무 잎과 도토리
6. 떡갈나무 잎과 도토리

화風媒花다. 이때 봄 가뭄이 들어 맑은 날이 계속되면, 꽃가루를 날리기 쉬워 수정이 잘된다. 가뭄으로 물이 부족하면 농사는 흉년이지만 도토리 풍년이 들기 마련이다. 반대로 비가 자주 오면 꽃가루를 퍼뜨리기 어려워 도토리가 적게 달리고, 반면 농사는 풍년이 든다. 어려울 때는 도토리라도 먹으며 생명을 이어가라는 자연의 심오한 섭리를 곱씹게 된다.

상수리나무 수꽃차례.

상수리나무는 깊은 산보다 마을 뒷산에 주로 자리 잡는다. 대부분의 넓은잎나무가 띄엄띄엄 다른 나무와 섞여 자라지만 상수리나무는 여럿이 모여 숲을 이루는 경우가 많다. 필연적으로 서로 키 경쟁을 할 수밖에 없어서 줄기가 곧게 쭉쭉 뻗는다. 쓰임새가 넓을 수밖에 없다. 상수리나무는 키가 20~30미터, 둘레가 두세 아름에 이르는 큰 나무다. 목재는 단단하면서 질기고 쉽게 썩지 않으므로 농기구 만들기, 집짓기, 숯 굽기 등에 두루 쓰였다. 상수리나무는 다음 해 봄까지도 지난 가을의 단풍이 깔끔이 떨어지지 않고 그대로 붙어 있는 경우가 많다. 다른 참나무도 마찬가지인데, 잎자루와 가지 사이에 떨켜가 잘 발달하지 않아 서다.

상수리나무와 굴참나무의 잎은 손가락 두 개쯤 길이에 너비가 좁은 긴 타원형이라 다른 참나무 종류의 타원형 잎과 구별된다. 잎 가장자리 톱니 끝의 짧은 잎침은 엽록소가 없어서 갈색이며 일정한 간격으로 붙어 있다. 잎 모양이 비슷한 밤나무의 잎침은 녹색이어서 구별할 수 있다.

상수리나무란 이름은 그 열매를 가리키는 '상실橡實'이란 말에서 딴 '상실이나무'가 변한 것이다. 임진왜란 때 임금님의 수라水剌상에 상수리나무 도토리묵을 흔히 올렸다고 '상수라'라고 하다가 상수리나무가 되었다고도 한다. 청와대 경내에서는 본관 동쪽 숲, 녹지원 숲, 기마로와 성곽로 주변 등에서 큰 상수리나무를 흔히 만날 수 있다. 나무말은 '환대', '번영', '용감함', '애국심' 등이다.

대추나무

Common jujube / 棗, 大棗

✻　✻　✻

세 알이면 한 끼도 거뜬하다는 대추

과명	학명
갈매나무과	*Ziziphus jujuba* var. *inermis*

늦봄에 야외로 나간 나들이객들이 대추나무를 만나면 "어! 저 나무 죽었네!"라고 한다. 새싹이 나오는 시기가 너무 늦기 때문이다. 청와대 안에서도 마찬가지다. 관저 앞 정원, 친환경시설 단지의 대추나무도 주위의 다른 나무들이 잎이 다 나온 5월 초나 되어야 움이 트기 시작한다. 하지만 속전속결로 한 해 살이를 마

봄이 다 지날 때쯤 싹을 내미는 친환경시설 단지의 대추나무.

어긋나기로 달리는 갸름한 잎, 쓰임새가 많은 대추.

무리할 수 있으므로 한 해 농사에는 아무런 차질이 없다. 초여름에 꽃을 피우면 금방 풋풋한 초록 열매가 맺히고, 이 열매가 추석 무렵이면 빨갛게 익어 한 해의 할 일을 일찌감치 끝내버린다.

　나무 열매 중 대추만큼 쓰임새가 많은 열매도 흔치 않다. 식감 좋고 달콤한 덕분에 떡, 찰밥 등 우리 전통 음식에 꼭 들어간다. 비교적 육질이 많아 배고플 때의 대용식이나 군인들의 식량으로도 이용되어 "대추 세 알로 한 끼 요기를 한다"라는 옛말이 있을 정도. 제사상에서는 조율시이棗栗柿梨 혹은 홍동백서紅東白西라 하여 항상 대추가 첫 번째로 오른다. 폐백 때 신부가 펼친 치마에 시부모가 대추를 던져주는 것도 대추나무처럼 아들딸 많이 낳으라는 염원이다.

　대추나무 목재의 색깔은 붉은빛이 강하므로 붉은 열매와 함께 요사스런 귀신을 쫓는 벽사辟邪의 의미를 갖는다. 특히 벽조목霹棗木이라는 벼락 맞은 대추나무는 부적을 만들거나 도장을 새기면 불행을 막아주고 병마가 범접하지 못하게 하는 상서로운 힘을 갖는다고 믿어졌다. 그러나 유독 대추나무에만 벼락이 떨어질 확률은 결코 높지 않다. 그런데도 벽조목은 시중에서 쉽게 구할 수 있다. 진짜가 그리 많지 않을 터다. 물에 넣었을 때 가라앉으면 진짜라는 설도 있으나, 대추나무는 원래 나무의 단위무게(비중)가 1에 가까워 벼락을 맞지 않아도 가라앉을 가능성이 높다. 비싼 값을 치렀다면 벽조목이라고 믿는 편이 정신건강에 좋을 듯하다.

여기저기 빚이 많거나 복잡한 일에 연루되어 있으면 흔히 "대추나무 연 걸리듯"이란 말을 쓴다. 대추나무는 인가 근처에 잘 심고 가지에 가시가 많아 실제로도 연이 걸리기 쉽다. 나무말은 '건강', '젊음', '첫 만남'이다.

호두나무

Persian walnut / 胡桃, 楸子

* * *

오랑캐 나라에서 온 복숭아 닮은 열매

과명	학명
가래나무과	*Juglans regia*

호두의 원래 고향은 중동 지방이다. 기원전 139년 한나라의 무제는 흉노족과 외교관계를 맺기 위해 특사로 장건을 파견한다. 외교는 실패했고, 13년이나 억류당했다가 겨우 살아 돌아온 그의 봇짐 속에는 호두 몇 알이 들어 있었다. 호두를 처음 본 중국 사람들은 오랑캐[胡] 나라에서 가져온 복숭아[桃] 모양의 열매란

기마로 입구에 자리 잡은 호두나무.

동그란 호두나무 열매, 갸름한 피칸 열매.

뜻으로 호도胡桃라 했다.

중국을 거쳐 우리나라에 들어온 것은 고려 충렬왕 때 원나라에 사신으로 갔던 유청신이 묘목과 씨앗을 가지고 와 지금의 천안 광덕사에 심은 것이 시초라 한다. 그러나 유청신이 광덕사에 호두나무를 심었다는 때보다 앞선 시기의 〈한림별곡翰林別曲〉에 호두를 말하는 당추자唐楸子가 나오고 신라민정문서에도 호두나무로 추정되는 추자목秋子木이 언급되어 논란이 있다. 원래 이름은 호도인데, 지금은 표준어로 호두다. 호두알은 영양가가 높고 고소한 맛이 일품이다.

호두는 실크로드를 타고 유럽에도 널리 퍼졌다. 서양인들에게도 맛있는 과실나무였다. 유명한 발레 〈호두까기인형[The Nutcracker]〉은 호두와 가까웠던 그들의 문화를 읽을 수 있는 좋은 예다. 우리나라에는 토종 호두나무에 해당하는 가래나무가 여기저기에서 자란다. 삼국시대 초기 유적에서 가래가 출토될 만큼 과실을 애용했다. 세계적으로 호두나무와 가래나무 종류는 재질이 좋기로 유명한 나무다. 오늘날에도 가래나무나 호두나무는 최고급 가구를 만드는 데 빠지지 않는 고급 목재다.

　호두나무는 친환경시설 단지에서 기마로로 들어가는 길목에 있는데, 잎 모양이 비슷한 피칸Pecan도 함께 자라고 있다. 피칸은 1910년 무렵 미국에서 수입하여 심고 있다. 추위에 약하여 원래 남부 지방에 심었으나 지금은 청와대 경내에서도 잘 자란다. 자라는 자리가 남향의 작은 계곡 안쪽이어서, 겨울의 칼바람은 막히고 볕은 잘 들기 때문이기도 하다. 피칸이란 이름의 뜻은 '돌로 깨야만 먹을 수 있는 열매'라고 하지만, 호두보다 열매껍질이 얇아 깨기 쉽다. 씨앗에 영양분이 많고 고소하여 대표적인 식용 견과류 중 하나다. 인디언들은 '신의 과실'이라고 부르고, 미국인들도 '버터 나무', '생명의 나무'라고 부를 정도로 영양가를 인성하고 있다. 목재노 가래나무 못지않아 가구재나 공예품 등에 널리 애용된다. 나무말은 '지혜', '지성' 등인데 호두알이 뇌 모양인 데서 유래한 것으로 보이며 그 외 '야심', '모략' 등이 있다.

가죽나무

Tree of heaven / 假僧木, 樗樹

* * *

참죽나무와 비교당해 쓸모없다는 푸대접이 억울해요

과명	학명
소태나무과	*Ailanthus altissima*

청와대 경내 성곽로 주변이나 춘추관 뒤 담장을 따라 북악산으로 올라가는 길에는 유난히 훌쩍 키만 큰 나무가 눈에 띈다. 가죽나무다. 일부러 심은 것은 아니다. 열매는 펜 뚜껑만 한 크기의 갸름한 날개에 씨앗을 하나씩 품고 있다. 무더기로 매달려 있다가 세찬 겨울바람에 하나씩 멀리 날아가라는 뜻이다. 씨앗의

성곽로 동쪽 초입의 가죽나무. 보기 드물게 크게 자랐다.

연한 황록색으로 피는 꽃, 날개가 달린 열매.

수가 많을 뿐만 아니라 날개도 붙어 있어서 여기저기 퍼지는데, 땅에 닿기만 하면 진땅 마른땅 가리지 않고 잘도 싹을 틔우고 자란다. 심지어 종묘 영녕전 기와지붕 위에 자리 잡기도 한다.

　일제강점기엔 서울 시내의 가로수로 가죽나무를 많이 심었고, 경북궁의 동문인 건춘문 앞 삼청로와 서문인 영추문 밖 효자로에는 1980년대까지도 가죽나무 가로수가 위용을 뽐내고 있었다. 하지만 모두 잘려나가고 국립고궁박물관 서쪽 출입문 담장에 붙어 자라는 한 그루만 남아 있었는데, 그나마도 담장을 무너뜨릴 수 있다고 하여 근래에 잘라버렸다. 청와대 경내의 가죽나무들은 이들 가로수들이 있던 시절 수많은 씨앗을 만들어 사방으로 날려 보낼 때 운 좋게 정착한 나무들인 것으로 짐작된다. 가죽나무 가로수는 흔적도 없이 사라졌지만, 조용히 청와대 경

열매가 잔뜩 달린 암나무(오른쪽)와 수나무(왼쪽)가 뚜렷이 구별되는 가죽나무.

내로 날아 들어온 자식들은 지금도 잘 자라고 있다. 가죽나무는 암나무와 수나무가 따로 있다. 수나무는 자람이 더 왕성하며 꽃가루가 알러지를 일으키기도 한다. 암나무는 가을에 잎이 좀 일찍 떨어지고 겨울을 지나 봄까지노 열매가 달려 있다.

진짜의 '참'에 대비되는 말이 거짓을 뜻하는 '가假'이다. 가죽나무는 '가짜 중나무'란 뜻의 가중나무에서, 비슷한 이름의 참죽나무는 '진짜 중나무'란 뜻의 참중나무에서 유래하였다. 채식을 하는 스님들이 새순을 나물로 먹던 참죽나무와 비교하면

가장자리의
사마귀 모양 선점에서
역한 냄새가 나는
가죽나무의 잎.

생긴 것만 비슷하고 먹을 수는 없기에 가죽나무라는 이름이 붙었다고 생각한다. 가죽나무의 새순을 먹을 수 없는 건 잎 가장자리의 톱니 아래쪽에 있는 선점腺點이라는 눈곱만 한 사마귀에서 약간 역한 냄새가 나기 때문이다.

　가죽나무와 참죽나무는 식물학적으로는 과科가 다를 만큼 먼 사이지만 생김새는 매우 닮았다. 잎의 톱니 끝에 사마귀가 달리고 나무껍질이 갈라지지 않는 것이 가죽나무, 잎 가장자리의 톱니가 일정한 간격으로 얕게 나 있으며 갑옷 같은 껍질을 가진 것이 참죽나무다. 둘 다 중국에서 들어온 나무다.

　가죽나무는 한자로 저樗라고 하며 이 글자는 쓸모없다는 뜻으로도 쓰이고, 누군가가 자신을 낮추어 말할 때도 쓰인다. 하지만 가죽나무는 재질이 좀 떨어지기는 해도 나무나라 전체에서

거칠게 갈라진 참죽나무 껍질, 여러 개의 씨방으로 갈라진 참죽나무의 마른 열매.

본다면 괜찮은 나무다. 목재의 무늬가 아름다울 뿐만 아니라 더 단단하여 오래 쓸 수 있으며 쓰임도 많은 참죽나무와 비교되어 푸대접을 받을 뿐이다.

가죽나무의 잎자루가 떨어진 자국은 마치 호랑이 눈 같은 독특한 모양이다. 그래서 호목수虎目樹 혹은 대안동大眼桐이라는 이름도 있다. 나무말은 '애정', '위로', '치유'라고 한다.

아까시나무

Black locust

* * *

아카시아가 아니라 아까시나무가 맞아요!

과명	학명
콩과	*Robinia pseudoacacia*

5월 초순 아까시나무는 향기로운 꽃으로 봄기운을 우리 코끝에
전한다. "동구 밖 과수원 길 아카시아 꽃이 활짝 폈네/ 하이얀
꽃 이파리 눈송이처럼 날리네/ 향긋한 꽃 냄새가 실바람 타고 솔
솔/ 둘이서 말이 없네 얼굴 마주 보며 생긋/ 아카시아 꽃 하얗게
핀 먼 옛날의 과수원 길." 우리가 잊었던 고향의 정경을 그대로

황폐했던 북악산을 푸르게 복구한 흔적으로 남아 있는 성곽로의 아까시나무.

5~8쌍의 작은잎이 배열된 겹잎, 꿀이 풍부하며 청아한 향기가 나는 꽃.

떠올리게 하는 박화목 작사의 동요다.

이렇게 우리와 친숙한 아까시나무는 언제부터 우리 땅에 꽃 향기를 풍기기 시작했을까? 1891년 무렵 인천 공원에 심은 것이 시초였다고 한다. 미국이 고향인 아까시나무는 그 후 일제강점기에 들어서면서 한반도의 구석구석을 점령군처럼 누비게 된다. 흙과 모래가 흘러내릴 정도로 황폐해진 민둥산에도 금세 뿌리를 내릴 만큼 생명력이 강한 콩과 식물이고, 잘라도 금세 새싹이 나오므로 땔감으로도 적합했기 때문이다.

옛 통계자료를 보면 1918년까지 심은 아까시나무는 210만 그루에 달하고, 이는 같은 기간에 심은 소나무의 40퍼센트에 달한다고 한다. 광복 후에도 여전히 아까시나무 심기는 이어져서 한때는 우리나라에 심은 전체 나무의 10퍼센트에 육박할 때도 있었다. 그러나 아까시나무는 일제가 침략을 시작할 즈음에 들어온 데다 자람이 너무 왕성하여 한번 심으면 주위의 다른 나무를 제치고 혼자만 사는 것처럼 보인다. 더더욱 용서할 수 없는 것은 무엄하게도 조상님의 묘소를 뚫고 들어가는 고약한 행실이다. 햇빛을 너무 좋아하는 녀석이라 무덤 주변에도 가리지 않고 뿌리를 내리기 때문이다.

하지만 아까시나무를 들여온 것은 당시 헐벗은 우리나라 산의 상태로 보아서는 최상의 선택이었다. 일본이 여러 몹쓸 짓으로 우리를 핍박했다고 아까시나무까지 같이 미워할 수는 없다. 다른 나무를 못살게 구는 것도 땅이 척박할 때뿐이고 땅이 비옥해지면 서서히 주위의 토종 나무에게 자리를 내주는 염치도 있다. 숲이 우거지면 햇빛 경쟁에 뒤처져 아까시나무는 차츰 없어진다.

필자는 아까시나무를 쓸모 있고 유용한 나무라고 생각한다. '향긋한 꽃 냄새'가 전부가 아니다. 아까시나무는 벌을 키우는 사람들에게 소중한 자원이다. 우리나라 꿀의 70퍼센트가 아까시나무 꽃에서 나온다고 한다. 나무의 쓰임새 또한 대단하다. 빨리 자라는 나무답지 않게 단단하고 강하며, 목재는 최고의 나무로 치는 느티나무 비슷하게 노르스름한 색깔이 일품이다. 예부터 원산지에서는 마차 바퀴로 쓰였고, 오늘날에는 고급 가구를 만

경북 성주 월항면 지방리의 아까시나무. 약 100살로 우리나라에서 가장 크고 오래되었다.

드는 재료로 없어서 못쓴다.

아카시아 종류의 나무는 열대 지방에 주로 자라는 진짜 아카시아와 우리 주위에서 흔히 보는 미국 원산의 아까시나무가 있다. 우리나라에는 열대 지방의 아카시아가 자라지 않으므로 우리가 '아카시아'라고 하는 나무는 아까시나무라고 불러야 맞다. 그러나 처음 들여올 때 이름을 '아카시아'라고 붙여버린 탓에 좀처럼 고쳐지지 않고 있다.

청와대 경내의 성곽로 주변과 북악산 숙정문과 창의문 부근 등에는 1970년대에 심은 아까시나무가 일부 남아 있다. 경북 성주 월항면 지방리에는 20세기 초에 심은 것으로 추정되는 아까시나무 고목이 자라고 있다. 아까시나무로서는 가장 크고 오래되었으며 키 13미터, 둘레 4미터에 이른다. 치렁치렁 매달리는 하얀 꽃은 '순결', '우정', '친목', '플라토닉 러브' 등의 꽃말을 가진다.

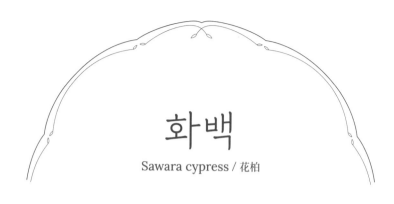

화백

Sawara cypress / 花柏

* * *

편백보다 추위에 더 강한 형제 나무

과명	학명
측백나무과	*Chamaecyparis pisifera*

일본은 가까운 나라지만 숲을 이루는 나무는 우리나라와 전혀 다르다. 더욱이 세계적으로 알려진 좋은 나무가 많아 우리의 부러움을 산다. 비가 많이 오고, 토양이 비옥한 화산회토이며, 숲이 잘 보존되어 있는 덕분이다. 일본의 대표적인 나무 중 하나는 편백이다. 편백은《일본서기日本書紀》(서기 720년경 일본 나라시

침류각 뒤 기마로 한쪽에서 원뿔 모양으로 크게 자라는 화백. 전두환 대통령의 기념식수이다.

W자 숨구멍을 가진 화백 잎, Y자 숨구멍을 가진 편백 잎.

대에 관에서 편찬한 일본의 역사서)에서 궁궐을 지을 때 쓰라고 했을 만큼 전통 있는 나무로 널리 알려져 있다. 일제강점기부터 우리나라의 남부 지방에 심기 시작했으며 전남 장성 편백 숲 등 대규모로 조림한 곳도 많다. 피톤치드가 다른 바늘잎나무보다 세 배 이상 더 나온다고 한다.

화백은 이렇게 유명한 편백과 아주 가까운 형제 나무다. 일본의 중남부를 중심으로 분포하며 일본에만 자라는 특산종이다. 키 30~40미터, 둘레 한두 아름에 이르는 큰 나무다. 줄기가 곧바르며 원뿔형의 아름다운 모습으로 자란다. 늘푸른 바늘잎나무로 분류되는데, 작은 비늘잎이 기왓장을 이듯 중첩되어 있다. 화백은 잎 뒷면에 W자형 흰색 숨구멍이 있어서 Y자형인 편백과 구별할 수 있다. 큰 특징 중 하나는 편백보다 추위에 강하여 더 북쪽에서도 자랄 수 있는 점이다. 우리나라에서 편백을 심을 수 있는 지역은 경남과 전남으로 한정되나, 화백은 조금 시원치 않게 자라긴 해도 서울에서도 겨울을 난다. 청와대 경내에서도 화백은 추위를 이기고 잘 자라고 있다. 기마로를 따라가다 보면 길 아래, 침류각 위쪽으로 전두환 대통령이 1983년 청와대 직원들과 함께 5살 된 잣나무 및 화백 묘목을 심어 만든 작은 숲이 있다.

화백은 편백과 비슷하지만 목재의 질이 좀 떨어진다. 잎의 형태나 색이 다른 여러 원예품종을 개발하여 정원수로 널리 심고 있다. 그중 잔가지가 가늘고 실 모양으로 늘어지는 실화백이 있다. 수궁터와 녹지원 숲 경계에 제법 큰 실화백이 몇 그루 자라고 있다. 화백의 나무말은 '화목함'이다.

쥐똥나무

Border privet / 水蠟樹

* * *

열매는 쥐똥을 닮았어도
향기로운 새하얀 꽃이 귀여워요

과명	학명
물푸레나무과	*Ligustrum obtusifolium*

쥐똥 같은 열매를 매단다고 쥐똥나무다. 쥐는 사람들이 지극히
싫어하는 동물인데, 심지어 혐오스러운 배설물에서 이름을 따
다 지었으니 사람들의 시선이 곱지 않다. 아름다운 나무에다 이
런 이름을 붙인 것을 두고 여러 비판이 있다. 가을에 익는 새까
만 열매를 보면 크기나 색깔이 쥐똥을 닮은 것은 사실이다. 그러

다듬지 않아 자연 그대로의 모습으로 크게 자란 기마로 서쪽 끝의 쥐똥나무.

마주 보며 나는 잎, 새로 난 가지 끝에 모여 피는 하얀 꽃.

나 사람들이 아파트에 주로 살게 되면서 쥐똥을 볼 일이 거의 없어져 대다수 사람들은 이름에서 그 특징을 잘 떠올리지 못한다.

늦은 봄날 작은 깔때기를 닮은 새하얀 꽃이 원뿔 모양의 꽃차례로 달려 초록 잎 사이를 헤집고 나온다. 화려하기보다는 청초하고 귀여운 꽃이다. 은은한 향기까지 갖고 있다. 꽃이 지고 난 후에 맺히는 열매는 초록색이었다가 검은 보랏빛을 거쳐 가을에는 새까맣게 익는다. 산속에 가만두면 키 5미터 정도까지 자라기도 하지만 주위에서 보이는 쥐똥나무는 허리춤 남짓하다. 주로 산울타리 나무로 심어두고 계속 자르기 때문에 크게 자랄 수가 없다. 사람들이 여기저기 마음 내키는 대로 잘라대도 끊임없이 새싹을 내민다. 산울타리가 되기 위해 태어난 나무라고 하여도 지나치지 않다. 공해에 찌든 대도시의 도로 옆에서도 거뜬

이름의 유래가 된, 쥐똥을 닮은 열매.

히 버티며 소금 바람이 불어오는 바닷가에서도 잘 견딘다.

쥐똥나무에는 백랍벌레라 하여 언뜻 보면 초파리를 닮은 벌레가 기생한다. 이 벌레의 애벌레는 하얀 가루로 쥐똥나무 가지를 뒤덮는데, 이 가루를 우리는 백랍白蠟이라 부른다. 이것으로 초를 만들면 다른 밀랍으로 만든 것보다 훨씬 밝고, 촛농이 흘러 내리지도 않는다고 한다. 쥐똥나무는 청와대 경내 곳곳에 자라지만 기마로 서쪽 끝 부분에서 제법 굵은 나무를 만날 수 있다. 꽃말은 '금지함', '좋은 친구', '편안한 휴식' 등이다.

회양목

Korean boxwood / 黃楊

* * *

크기는 작아도 인쇄문화에 크게 기여했어요

과명	학명
회양목과	*Buxus koreana*

정원이나 잔디밭 가장자리에 동그랗게 깎아놓은 자그마한 나무는 대개가 회양목이다. 회양목이 자생하는 곳은 충북 단양을 비롯한 한반도 중부 석회암지대의 척박한 급경사지다. 회양목은 열악한 환경과 작게 자라는 유전자까지 겹쳐 시간이 지나도 자랐다는 느낌이 잘 들지 않는다. 중국의 유명한 시인 소식소동파은

기마로 깊숙한 곳에서 줄지어 자라는 회양목. 산울타리로 흔히 심는다.

이른 봄날 피는 노란색 꽃, 뿔 모양의 돌기가 있는 열매.

"황양목이 한 해에 한 치씩 더디게 자라다가 윤년을 만나면 오히려 세 치가 줄어든다"라는 속설이 있다고 말했다. '회양목이 윤년에는 자라지 않고 오히려 줄어든다'는 뜻의 '황양액윤黃楊厄閏'이란 말은 일의 진행 속도가 늦을 때 쓰이기도 한다. 설마 줄어들기야 하겠는가마는, 그렇게 느낄 만큼 늦게 자란다는 뜻이다.

회양목은 《삼국사기》나 조선왕조실록에 여러 번 등장할 만큼 귀중하게 쓰였다. 1천여 종에 이르는 우리나라 나무 중 회양목은 세포가 가장 작다. 물관의 지름이 0.02밀리미터 정도로 0.1~0.3밀리미터인 다른 나무보다 훨씬 작고, 나이테 전체에 걸쳐 고루 분포하므로 나무질이 곱고 균일하며 치밀하고 단단하기까지 하다. 작고 정밀한 글자를 새길 때, 귀중한 서책을 인쇄하기 위해 목활자를 만들 때는 대부분 회양목을 썼다. 구하기 쉽고, 가공도 쉬우며, 새긴 글씨도 마치 상아나 옥에다 새긴 것처럼 정교하기 때문이다. 우리나라 인쇄문화를 발전시킨 원동력의 일부도 이 자그마한 회양목에서 나왔다. 그 외 임금님의 인장인 옥새, 관인官印, 그림이나 글씨에 찍는 낙관落款 등도 흔히 회양목으로 만들었다.

손톱 크기 남짓한 크기의 도톰한 잎사귀가 특징인 늘푸른나무다. 자르지 않고 그대로 두면 굵기 한 뼘 정도에 키 4~5미터까지도 자랄 수 있다. 그러나 지금의 회양목은 자그마한 나무로 키워서 정원의 가장자리를 지키는 산울타리가 주된 쓰임이다. 새싹을 내미는 힘이 강하여 마음대로 전정가위질을 해도 잘 자란다. 여주 효종 영릉 재실의 천연기념물 제459호 회양목은 나이 300살, 키 4.7미터, 지름 21센티미터에 이른다. 우리나라에서 가장 크고 오래된 회양목이다.

회양목淮陽木이란 이름은 이 나무가 한반도의 대표적인 석회암지대인 북한의 회양淮陽에 많이 자라기에 붙었다. 옛 이름은 황양목黃楊木이다. 북한 이름은 회양군 바로 옆 세포군 고양산에 많이 자란다고 고양나무다. 회양목은 영빈관 및 경비단 주변의 화단, 기마로 깊숙한 곳에서 만날 수 있다. 나무말인 '견고함', '참고 견뎌냄' 등은 나무의 자람이 늦음을 나타낸 말이며 그 외 '담백함', '금욕' 등이 있다.

귀룽나무

Bird cherry / 九龍木

* * *

늦봄, 뭉게구름 같은 흰 꽃에 뒤덮여요

과명	학명
장미과	*Prunus padus*

이른 봄 양지바른 정원의 산수유가 노란 꽃을 피우면, 거의 비슷한 시기에 귀룽나무는 뒤질세라 곧이어 연초록 새싹을 내민다. 거의 가지를 덮어버릴 정도로 순식간에 잎이 난다. 칙칙한 겨울 숲을 뭇 생명이 살아 숨 쉬는 녹색 세상으로 바꾸는 시발점이 귀룽나무다. 귀룽나무는 숲의 봄 전령인 생강나무 꽃이 피기도 전

다른 나무들은 꿈쩍도 않는 이른 봄날, 가장 먼저 잎을 내미는 기마로 끝 귀룽나무.

늦봄에 피는 하얀 꽃, 초여름에 검게 익는 열매.

에 잎을 내민다. 북악산 일원의 여러 잎지는나무 중 새싹이 가장 일찍 나오는 나무다. 청와대 숲의 산책길인 기마로 끝 계곡에서 만날 수 있으며 친환경시설 단지, 그 외에도 북악산·북한산 자락 등 땅이 조금 깊은 곳이라면 어디라도 자리를 잡는다. 자연 상태에서는 흔히 지하수가 풍부한 곳에 자라므로 군인들은 물이 떨어지면 귀룽나무를 찾아 그 근처에서 샘을 파도록 교육받는다.

귀룽나무는 경복궁·창덕궁·창경궁 등의 궁궐과 종묘, 왕릉 등 수도권의 문화재 구역에서도 이른 봄 금방 눈에 띄는 나무다. 이렇게 잎이 날 때 강한 인상을 주는 귀룽나무는 꽃으로 다시 한 번 눈길을 끈다. 4월 말경 잎이 거의 난 다음, 가지가 능수버들처럼 늘어지면서 새하얀 꽃이 무리 지어 핀다. 귀룽나무는 꽃 피는 시기와 모양은 벚나무와 다르지만 벚나무 종류에 들어간다.

큰 나무가 잎이 잘 보이지 않을 정도로 흰 꽃에 뒤덮이는 날, 산들바람이라도 불면 그 모습이 마치 여름날의 뭉게구름 같다. 그래서 처음에 구름나무라 불리다가 귀룽나무로 바뀌었다. 북한에서는 구름나무라고 한다. 한자 이름은 구룡목九龍木인데, 이것이 구룡나무를 거쳐 귀룽나무가 되었다고도 한다.

특이하게도 어린 가지를 꺾거나 껍질을 벗기면 약간 퀴퀴한 냄새가 난다. 파리가 이 냄새를 싫어하기 때문에 파리를 쫓는 데 이용했다고 한다. 이른 봄날의 어린잎은 쓴맛이 조금 강하지만 그게 또 일품이라고 봄나물로도 먹는다. 벚나무 종류와 가까운 사이임을 증명하듯 버찌를 닮은 열매가 달린다. 여름에 까맣게 익으며 핵과로 과육이 많아 산새들의 먹이가 된다. 하얀 꽃이 무리 지어 피는 모습에서 떠올렸을 '순결', '사색', '상념' 등의 꽃말을 갖고 있다.

때죽나무

Snowbell tree / 齊墩

● ● ●

청초한 하얀 꽃으로 5월을 열다

과명	학명
때죽나무과	*Styrax japonicus*

본관 뒤쪽, 북악산에서 내려오는 계곡 중 은근히 깊은 개울이 하나 있다. 기마로의 종착점이기도 한 이 개울 양옆엔 눈부신 새하얀 꽃으로 눈길을 사로잡는 나무들이 있다. 5월 초순 어린이날을 전후해 하얀 꽃으로 뒤덮이는 때죽나무다. 적당히 축축한 땅과 햇빛을 좋아하여 여기에 자리를 잡았다. 짙푸른 잎사귀 사이로

가로수처럼 줄지어 자라는 기마로 서쪽 끝자락의 때죽나무.

아래로 향하여 피는 작은 종 모양의 꽃, 반질반질한 열매.

꽃은 2~5개씩 뭉쳐서 줄줄이 아래로 향하여 매달려 있다. 통꽃이며 끝부분이 다섯 갈래로 깊게 갈라져 꽃잎처럼 보인다. 꽃은 종처럼 생기고 안의 노란 수술에 끈을 매달아 치면 금세 맑은 종소리가 울려 퍼질 것 같다. 그래서 영어 이름은 스노우벨Snowbell이다. 벌과 나비가 찾아오기 쉽게 하늘을 올려다보고 피는 다른 꽃들과 사뭇 다른 모습이다. 얼굴이 꼭 보고 싶다면 나무 밑에 들어와서 살짝 쳐다보라는 뜻이다.

꽃자리마다 가을이면 수백수천의 열매가 달린다. 갸름하고 단단한 열매는 표면에 짧은 털이 빽빽하여 회백색을 띠면서 반질반질하다. 그 모습이 마치 스님이 여럿 모여 있는 것 같아 '중이 떼로 모여 있다'는 뜻의 떼중나무를 거쳐 때죽나무가 된 것으로 짐작하고 있다.

때죽나무의 열매껍질에 포함된 에고사포닌egosaponin은 물고기의 아가미 호흡을 일시적으로 마비시킨다. 초여름에 설익은 때죽나무 열매를 따다가 짓이겨 물에 푸는 방식으로 고기잡이에 이용하기도 했다. 때죽나무는 중부 이남의 산 아래 계곡 부근에서 흔히 자라는 우리 나무다. 짙은 회갈색의 껍질은 나이를 먹어도 갈라지지 않고 매끈하여 숲에서도 눈에 잘 띈다. 하얀 꽃이 대량으로 피는 것을 두고 '청초함', 꽃이 줄줄이 아래로 매달리는 것을 두고 '겸손함' 등의 꽃말이 붙었다고 한다.

비슷한 나무 중 쪽동백나무가 있다. 접두어 '쪽'은 작다는 뜻이다. 동백나무보다 열매가 작은 나무라고 해서 이름이 쪽동백나무가 된 것이다. 동백나무가 자라지 않는 지역에 사는 여인들은 동백기름 대신에 쪽동백나무나 때죽나무 혹은 생강나무 씨앗에서 짠 기름으로 머리단장을 했다. 쪽동백나무는 잎이 타원형으로 손바닥만큼 크고 꽃도 아래로 길게 꼬리처럼 달리는 것이 때죽나무와의 차이점이다. 그 외 꽃 모양이나 나무껍질은 때죽나무와 거의 같다.

노간주나무

Needle juniper / 老柯子木, 杜松

* * *

메마른 땅에서도 꿋꿋이 버티는 바늘잎나무

과명	학명
측백나무과	*Juniperus rigida*

화가 고흐의 그림에는 많은 식물이 등장하지만 가장 강렬한 인상을 남기는 건 이집트의 오벨리스크obelisk처럼 생긴 사이프러스Cypress다. 우리나라 나무 중에 사이프러스와 매우 닮은 나무가 노간주나무다. 고흐의 대표작 〈A Wheatfield, with Cypresses〉는 우리말로 흔히 '삼나무가 있는 밀밭'으로 번역된다. 그러나 사

척박한 땅에서도 곧게 자라는 노간주나무. 굽어서 자라는 옆의 소나무와 대비된다.

짧고 날카로운 바늘잎, 두송주의 재료로도 쓰이는 열매.

이프러스는 우리나라에 자라는 나무가 아니며 삼나무도 일본 나무이니 굳이 우리말로 옮기겠다면 '노간주나무가 있는 밀밭'이 더 적절하다. 노간주나무의 원래 우리 이름은 노가老柯나무였다. 하지만 열매를 약이나 두송주杜松酒 재료로 이용하면서 열매를 강조해 노가자老柯子라는 이름이 붙었다. 이것이 부르기 쉽게 변해 노간주나무가 되었다.

영빈관과 본관 뒤에서부터 백악정까지의 경사면, 척박하고 메마른 땅에서 노간주나무를 만날 수 있다. 가장 굵고 잘생긴 노간주나무는 영빈관 뒤 성곽로를 따라 올라가는 길 사방댐 근처에 있다. 노간주나무를 찾아내기는 어렵지 않다. 시골 마당 구석에 세워둔 싸리비처럼 키만 껑충하기 때문이다. 아울러 다른 바늘잎나무처럼 여럿이 모여 숲을 이루면서 살지 않는다. 각자 띄

키 8미터에 두 아름이 훌쩍 넘는 강원 정선 임계면 문래리의 노간주나무.

엄띄엄 흩어져서 열악한 환경을 버틴다. 키 5~6미터, 줄기는 팔목 굵기가 고작이고 곧게 자라며 가지도 모조리 위를 향하면서 사이좋게 가까이 붙어 있다. 양지바른 곳에서 햇빛을 듬뿍 받으며 살아산다. 넉분에 가시를 옆으로 펼치기에 여념이 없는 나른 나무들과는 비교할 수 없을 만큼 날씬한 몸매를 자랑한다.

노간주나무는 작은 나무지만 오랫동안 베지 않고 그대로 두면 드물게 아름드리가 된다. 강원 정선 임계면 문래리에 자라는 350살 된 보호수 노간주나무는 둘레 3미터가 넘는 고목이며 최

노간주나무 가지로 만든 쇠코뚜레.

근에는 경남 합천 오도산에서 역시 비슷한 크기의 노간주나무 고목이 발견되었다.

끝이 날카롭고 짧은 잎은 가지와 거의 직각으로 세 개씩 일정한 간격으로 돌려나기로 난다. 암수가 다른 나무이며 암나무에는 늦봄에 눈에 잘 보이지도 않을 정도로 작은 꽃이 피고 이듬해 가을에 거의 까만 남청색 열매가 익는다. 콩알 굵기의 장과인 열매는 새들의 먹이가 되어 멀리 자손을 퍼뜨린다. 옛사람들은 이 열매를 달여 먹기도 하고, 기름을 짜서 약으로 쓰기도 했다. 통풍, 관절염, 근육통, 신경통에 특효약이라고 알려져 있다.

열매의 또 다른 쓰임새는 진gin의 원료다. 진은 유럽에 널리 분포하는 서양노간주나무의 열매로 만든 증류주다. 서양노간주나무의 열매는 먼 옛날 고대 그리스시대부터 술에 향을 더하는 데 이용되었으며, 특히 네덜란드와 영국 사람들이 서양노간주나무 열매로 만든 진을 즐겼다. 진의 알코올 함량은 40퍼센트나 되는데, 18세기 산업혁명 전후로 대도시에 유입된 가난한 노동자들이 독한 진에 중독되어 사회 문제가 되기도 했다. 지금은 그냥 은 잘 먹지 않고 주로 칵테일용으로 쓰인다.

　나무 자체의 쓰임새도 예사롭지 않다. 유태인이 할례를 거쳐 성인이 되듯이 이 땅의 우공牛公들은 어미 소가 되려면 송아지 때 노간주나무 가지로 쇠코뚜레를 해야만 한다. 적당한 굵기의 노간주나무 가지를 잘라다 불에 살살 구우면 잘 구부러지고 질기기 때문에 쇠코뚜레로 안성맞춤이다. 원치는 않았겠지만 노간주나무는 죄 없는 우공들에게는 평생을 괴롭히는 악마의 나무가 되었다. 나무말은 '보호', '돌봐줌', '도움' 등이다. 척박한 땅에 홀로 자라는 노간주나무가 안쓰러워 잘 살라고 응원하고 도움을 주고 싶었던 것 같다.

찾아보기

496

참고문헌

국내 문헌

강희안/서윤희·이경록 역, 《양화소록: 선비화가의 꽃 기르는 마음》, 눌와, 1999

공우석, 《한반도 식생사》, 아카넷, 2003

기태완, 《꽃, 피어나다: 옛 시와 옛 그림, 그리고 꽃》, 푸른지식, 2015

국립생물자원관, 《국가 생물종 목록집: 북한지역 관속식물》, 휴먼컬처아리랑, 2019

김태영·김진석, 《한국의 나무: 우리 땅에 사는 나무들의 모든 것》, 돌베개, 2018

김현삼·리수진·박형선·김매근, 《북한 식물원색도감》, 과학백과사전종합출판사, 1988(영인본)

대통령경호처, 《청와대의 나무와 풀꽃》, 눌와, 2019

대통령경호처, 《청와대와 주변 역사·문화유산》, (주)넥스트 커뮤니케이션, 2019

대통령실, 《청와대의 꽃 나무 풀》, 2012

문일평/정민 역, 《꽃밭 속의 생각-花下漫筆-》, 태학사, 2005

박상진, 《궁궐의 우리 나무》, 눌와, 2014

박상진, 《우리 나무의 세계》I·II, 김영사, 2011

박상진, 《우리 나무 이름 사전》, 눌와, 2018

박상진, 《역사와 전설로 만나는 부여의 나무이야기》, 눌와, 2019

송홍선, 《제주자생 상록수도감》, 풀꽃나무, 2003

이경준, 《한국의 산림녹화, 어떻게 성공했나?》 개정판, 기파랑, 2022

이선, 《우리와 함께 살아 온 나무와 꽃》, 수류산방, 2006

이어령, 《매화》, 생각의 나무, 2003

이영노, 《한국식물도감》I·II, 교학사, 2006

이영노, 《한국의 송백류》, 이화여자대학교출판부, 1986

이우철, 《원색한국기준식물도감》, 아카데미서적, 1996

이우철, 《한국 식물명의 유래》, 일조각, 2005

이유미, 《우리나무 백가지: 꼭 알아야 할 우리 나무의 모든 것》, 현암사, 2015

이창복, 《신고 수목학》, 향문사, 1986

이창복, 《원색 대한식물도감》상·하, 향문사, 2003

이창복 외, 《식물분류학》, 향문사, 1985

이형상/이상규·오창명 역, 《남환박물》, 푸른역사, 2009

이호철, 《한국 능금의 역사, 그 기원과 발전》, 문학과지성사, 2002

임경빈, 《우리 숲의 문화》, 광림공사, 1993

임경빈·이경준·박상진, 《이야기가 있는 나무백과》 I·II·III, 서울대출판부, 2019

정약용/김종권 역, 《아언각비》, 일지사, 1992

정약용/송재소 역주, 《다산시선》, 창작과비평사, 1997

정태현, 《한국식물도감》 상권 목본부, 신지사, 1957

최영전, 《한국민속식물》, 아카데미서적, 1997

허준/조헌영·김동일 외, 《동의보감: 탕액·침구편》, 여강, 2007

허태임, 《나의 초록목록》, 김영사, 2022

홍성모/정승모 역, 《동국세시기》, 풀빛, 2009

홍순민, 《홍순민의 한양읽기: 궁궐》 상·하, 눌와, 2017

일본·중국 문헌

岡部誠, 由来がわかる木の名前, 日東書院, 2002

北村四郎·村田源, 原色日本植物図鑑 木本編 1·2, 保育社, 1994

上原敬二, 樹木大圖說 I·II·III, 有明書房, 1964

山林暹, 朝鮮産木材の識別, 林業試驗場, 1938

郑万钧 외, 中国树木志, 中国林北出版社, 1985

온라인 자료

국가기록원 http://www.archives.go.kr

국가생물종지식정보시스템 http://nature.go.kr

국가표준식물목록 http://nature.go.kr/kpni

국립생물자원관 http://nibr.go.kr

국립중앙박물관 http://www.museum.go.kr

나무위키-꽃말 http://namu.wiki/w/꽃말

네이버 뉴스라이브러리 https://newslibrary.naver.com

대통령기록관 http://www.pa.go.kr

한국데이터베이스진흥원 http://kdata.or.kr

한국민족문화대백과사전 http://encykorea.aks.ac.kr

한국종합고전DB http://db.itkc.or.kr

花言葉-由來 http://hananokotoba.com

사진 출처 및 유물 소장처

게티이미지뱅크 72, 178, 199

게티이미지코리아 238-239

국립고궁박물관 333

국립공주박물관 105, 227

국립민속박물관 119, 492

김도헌 425

김성철 206

문화재청 33, 189, 251, 419

박상진 34, 44, 58우, 78, 83 1번, 92우, 94, 99, 104, 125, 145, 184, 217, 228, 252, 253 4번, 346, 391, 420중, 420우, 466, 475, 491

삼성미술관 리움 148

서울역사박물관 152

위키미디어 공용 222좌, 236우

일본 덴리대학 322

크라우드픽 70우, 273

픽스타 22 1번, 22 2번, 22 6번, 48, 49좌, 66우, 83 4번, 88좌상, 88우, 111, 176, 182우, 194, 204, 205, 221, 226우, 253 1번, 287, 314, 332좌하, 338, 347좌, 368, 373좌, 374, 418우, 424좌, 436우, 446, 454우, 464우, 482좌, 486좌

허태임 490

헬로아카이브 121

Dreamstime 360

출처가 명기되지 않은 사진은 눌와의 사진이다.

박 상 진 朴相珍, Park Sang Jin

1940년 경북 청도에서 태어났으며 1963년 서울대학교 임학과를 졸업하고 일본 교토대학에서 농학박사 학위를 받았다. 산림과학원 연구원, 전남대학교 및 경북대학교 교수를 거쳐 현재 경북대학교 명예교수로 있다. 한국목재공학회 회장, 대구시청 및 문화재청 문화재위원을 역임했다. 2002년 대한민국 과학문화상, 2014년 문화유산 보호 유공자 포상 대통령표창, 2018년 롯데출판문화대상 본상을 받았다.

저서로는《청와대의 나무와 풀꽃》,《우리 나무 이름 사전》,《궁궐의 우리 나무》,《나무탐독》,《우리 나무의 세계》I·II,《우리 문화재 나무 답사기》,《나무에 새겨진 팔만대장경의 비밀》,《역사가 새겨진 나무 이야기》를 비롯하여 아동서《오자마자 가래나무 방귀 뀌어 뽕나무》,《내가 좋아하는 나무》가 있다. 해외 출간 도서로는《朝鮮王宮の樹木》,《木刻八万大藏经的秘密》,《Under the Microscope: The Secrets of the Tripitaka Koreana Woodblocks》등이 있다.

홈페이지   http://treestory.forest.or.kr
페이스북   https://www.facebook.com/profile.php?id=100004640404361
전자우편   sjpark@knu.ac.kr

청와대의 나무들

초판 1쇄 인쇄일   2022년 10월 5일
초판 1쇄 발행일   2022년 10월 21일

지은이   박상진

펴낸이   김효형
펴낸곳   (주)눌와
등록번호   1999.7.26. 제10-1795호
주소   서울시 마포구 월드컵북로16길 51, 2층
전화   02-3143-4633
팩스   02-3143-4631
페이스북   www.facebook.com/nulwabook
블로그   blog.naver.com/nulwa
전자우편   nulwa@naver.com
편집   김선미, 김지수, 임준호
디자인   엄희란

책임편집   김효형, 김지수
표지·본문 디자인   엄희란
지도 제작   김경진

ⓒ박상진, 2022
ISBN 979-11-89074-53-1 (03480)